kosmos
bibliothek

Band 307

Frieder Sauer

Mikroskopieren als Hobby

Beleuchtungs- und Präparationsverfahren, Fotografie

Kosmos
Gesellschaft der Naturfreunde
Franckh'sche Verlagshandlung
Stuttgart

Mit 45 Farbbildern von J. Lieder (3) und F. Sauer (42), einem Schwarzweißfoto von F. Sauer sowie 2 Zeichnungen und einem Schwarzweißfoto aus dem Archiv

Umschlag von Edgar Dambacher unter Verwendung einer Aufnahme von F. Sauer
Das Bild zeigt eine Wassermilbe

Die Bände der Kosmos-Bibliothek erscheinen als Vierteljahres-Buchbeigaben der Monatshefte Kosmos – Bild unserer Welt

Für die Bezieher (Mitglieder) des Kosmos
bilden sie einen Bestandteil der Abonnementsleistung

Kosmos-Bibliothek 1980:
Band 305: Jantzen, Island in Farbe
Band 306: Herrmann, Das Weltall in Farbe
Band 307: Sauer, Mikroskopieren als Hobby
Band 308: Jantzen, Amors Pflanzenkunde

Änderungen vorbehalten

Über Veröffentlichungen, Bedingungen und Leistungen des Kosmos
unterrichtet Sie jede Buchhandlung
oder die Hauptgeschäftsstelle des „Kosmos": Postfach 640, 7000 Stuttgart 1

Bild 1 (Seite 2). Harnstoff, auf dem Objektträger aus der Schmelze kristallisiert und zwischen gekreuzten Polarisationsfiltern fotografiert

Franckh'sche Verlagshandlung, W. Keller & Co., Stuttgart/1980

L 14 H hö/Best.-Nr. 3-440-00307-8/Printed in Germany/Imprimé en Allemagne
Gesamtherstellung: Konrad Triltsch, Graphischer Betrieb, Würzburg

Mikroskopieren als Hobby

Mikroskopieren als Hobby

In der Nachkriegszeit war ich ein kleiner Junge. Mein Vater war Landarzt und besaß ein altes Mikroskop aus seinen Studententagen. Er fahndete damit nach Wurmeiern, eine in jenen rauhen Tagen sehr erfolgreiche Tätigkeit. Wenn er aber mit seinem schweren Motorrad zu Krankenbesuchen fuhr, dann schlich ich mit meinen Freunden in die Praxisräume, und wir betrachteten alles Erdenkliche unter dem Mikroskop. Am besten gefielen uns die Wasserproben aus den Tümpeln nahebei. Wenn darin die glitzernden Lebewesen zwischen lichtgrünen Algenfäden auf- und niederstiegen, so fühlten wir uns in tropische Meere versetzt, wo bunte Fische zwischen den Korallengärten schweben und spielen.
Das ist nun schon fast dreißig Jahre her, und das alte Mikroskop steht heute auf meinem Arbeitstisch. Seine verzierten Messingknöpfe haben längst nicht mehr den alten Glanz, aber seine Linsen sind noch blank, und seine Bilder faszinieren mich wie damals. Ich hoffe, daß das Mikroskopieren auch mein Altershobby sein wird, solange die Augen dafür gut genug sind.
Und wenn ich heute eine Wanderung mache, dann bringe ich meistens in einem Gläschen etwas Algenwatte mit und bin neugierig auf jene Lebewesen, die überall um uns her und auch in unserem Körper leben, ohne daß wir im Alltag etwas davon merken. Für mich ist das Mikroskop so etwas wie ein Fernglas, mit dem ich Dinge sehen kann, von denen andere nie etwas erfahren. Ein Pfennig wird unter ihm zur Ebene, ein Sandkorn zum Gebirge, und wenn ich das Präparat verschiebe, so ist es, als würde ich mit dem Flugzeug über eine weite Ebene fliegen mit fremdartigen, delikat gestalteten tierischen und pflanzlichen Bewohnern. Der Blick durch das Mikroskop ist auch kaum mühevoller als die Benutzung eines Feldstechers: Man tropft etwas Probegut auf einen Objektträger, legt ein Deckglas darüber, bringt das Präparat unter das Objektiv und der Augenschmaus kann beginnen.
Die Welt unter dem Mikroskop hat etwas Ähnlichkeit mit dem Sternenhimmel. Hier wie dort entdecken wir Welten, die man mit unbewaffnetem Auge nicht sehen kann, aus beiden dringen keine Geräusche an unser Ohr, beide sehen wir in eine Ebene gebreitet ohne räumliche Tiefe, und in beiden Welten können wir nicht mit unseren Händen ordnend eingreifen, wie es aktive Menschen mit ihrer Umwelt tun. Das Mikroskop bringt die Freuden des Zuschauens, es ist nicht für Jägernaturen.

Bild 2 (rechts). Die Teile eines Mikroskops. Abgebildet ist das Kosmosmikroskop Humboldt F. (Aus Dietle, Das Mikroskop in der Schule)

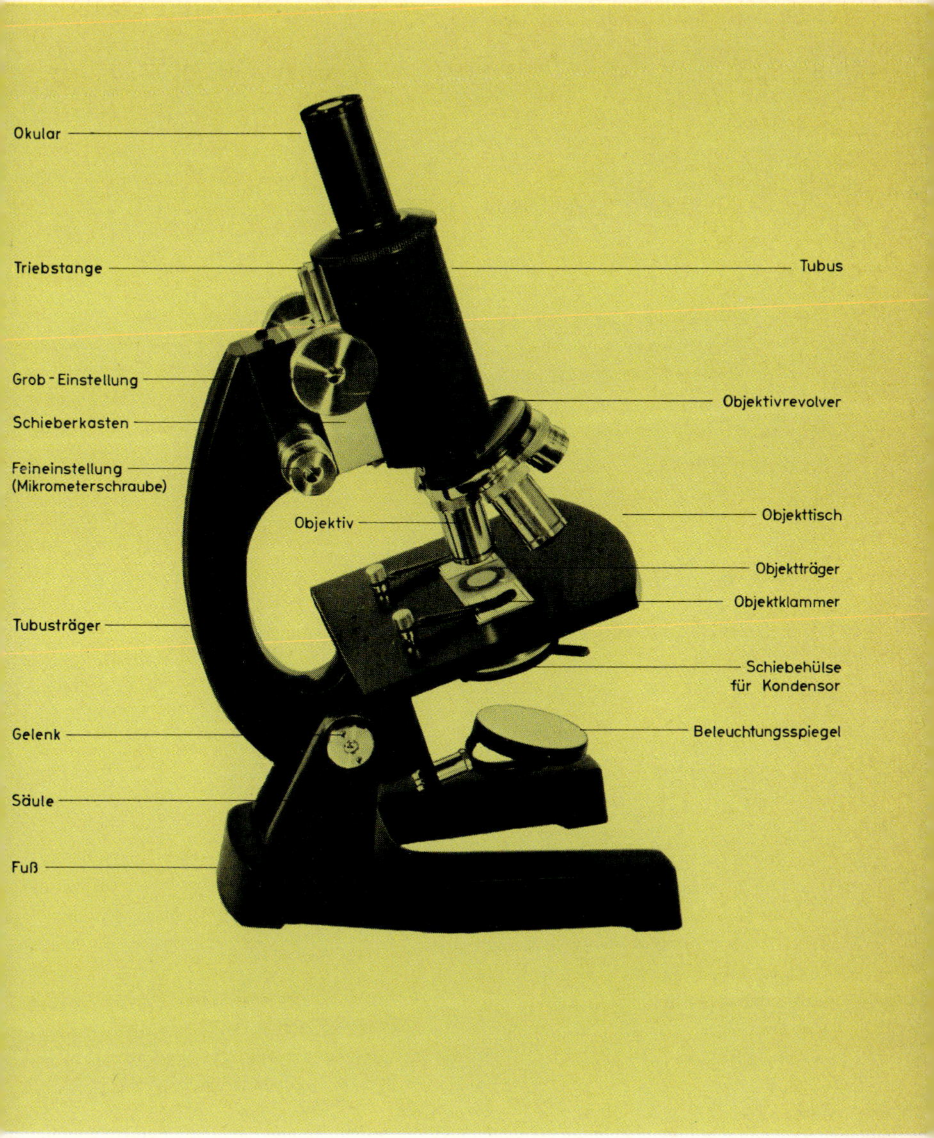
Okular
Triebstange
Tubus
Grob - Einstellung
Schieberkasten
Objektivrevolver
Feineinstellung
(Mikrometerschraube)
Objektiv
Objekttisch
Objektträger
Objektklammer
Tubusträger
Schiebehülse
für Kondensor
Gelenk
Beleuchtungsspiegel
Säule
Fuß

Der Bau des Mikroskops

Jedes Mikroskop, vom einfachsten Spielzeug bis zum gewaltigen Forschungsmikroskop, ist im Grunde ähnlich gebaut: Oben steckt lose im Tubus das **Okular,** es trägt eine Gravur, im einfachsten Fall eine Zahl vor einem schräg gestellten Kreuz. Diese Zahl ist die Eigenvergrößerung des Okulars. Wenn man sie mit der Eigenvergrößerungszahl des Objektivs multipliziert, so erhält man die Gesamtvergrößerung der Kombination. Die so gekennzeichneten Okulare werden als Huygens-Okulare bezeichnet. Sie sind bestens zur Verwendung mit einfachen Objektiven bis zu mittlerer Eigenvergrößerung geeignet.

Daneben gibt es die aufwendiger gebauten Kompensationsokulare. Diese Okulare beheben Restfehler, die in den Bildern von Hochleistungsobjektiven noch vorhanden sind. Kompensationsokulare sollten mit Achromaten hoher Vergrößerung, sogenannten „starken" Achromaten und allen Spezialobjektiven benützt werden, nicht aber mit schwachen Achromaten. Planokulare ebnen das Bildfeld, so daß es bis zum Rand scharf erscheint. Das ist besonders bei der Mikrofotografie von Vorteil.

Der **Tubus** ist das Rohr zwischen Okular und Objektiv. Seine Länge kann nicht ohne Verlust an Bildqualität verändert werden. Innen sollte der Tubus schwarz mattiert sein, damit seine Wände kein Streulicht über das Bild werfen. An seinem unteren Ende trägt der Tubus bei allen größeren Mikroskopen den **Revolver,** eine drehbare Scheibe, an der die Objektive befestigt sind.

Die **Objektive** tragen ebenfalls eine Gravur: Die Zahl 160 oder 170 gibt die mechanische Tubuslänge an, bei der das Objektiv seine größte Schärfe bringt. Die mechanische Tubuslänge ist der Abstand von Objektiv und Okular in mm. Die Zahl 0,17 gibt die Deckglasdicke an, bei der das Objektiv seine beste Leistung bringt. Schon geringe Abweichungen in der Deckglasdicke zeigen sich durch unscharfe Bilder. Fehlt diese Zahl (bei den schwächsten Objektiven), so kann man die Objektive auch ohne Deckglas benützen.

Die wichtigste und größte Gravur des Objektivs benennt dessen Eigenvergrößerung. Die meistgebrauchten Vergrößerungen sind 4, 10 und 40×. Hinter oder unter der Zahl für die Eigenvergrößerung findet sich eine weitere Zahl, die meist zwischen 0,1 und 1,3 liegt. Das ist die numerische Apertur. Sie ist ein Maß dafür, wie feine Details das Objektiv noch auflösen kann. Im allgemeinen steigt die Apertur mit der Eigenvergrößerung des Objektivs, aber auch bei gleicher Eigenvergrößerung gibt es Objektive mit geringerer und höherer Apertur. Je höher die Apertur, um so besser ist die Auflösung. Dies gilt nicht unbedingt auch für die Vergrößerung: Es gibt Objektive, die sehr stark vergrößern und dennoch miserabel auflösen, vor allem bei billigen „Warenhausmikroskopen". Bei gleicher Eigenvergrößerung haben Objektive

Bild 3. Karpfenlaus, ein parasitischer Krebs, der sich mit seinen Saugnäpfen an Karpfen und anderen Fischen anheftet und mit seinen zu Stechorganen umgewandelten Mundteilen Fischblut saugt. Die Aufnahme wurde mit einem Objektiv mit schlecht geebnetem Bildfeld und daraus resultierender Randunschärfe aufgenommen.

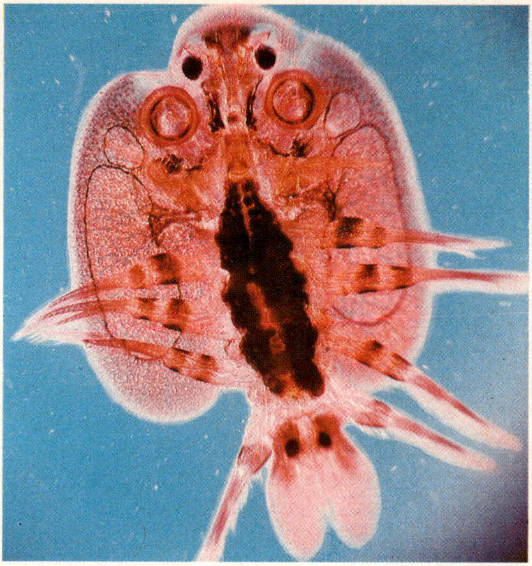

höherer Apertur größere Lichtstärke, zeichnen ein schärferes Bild und sind erheblich teuerer. Wie beim Fotoobjektiv haben Objektive mit höherer Apertur eine geringere Schärfentiefe.

Daneben gibt es noch eine Reihe Gravuren, die Spezialobjektive kennzeichnen. Die Gravur „Apo" gibt an, daß es sich um einen Apochromaten handelt. Solche Objektive sind besonders hoch korrigiert, vor allem auch für unterschiedliche Lichtfarben. (Achromate sind nur für grünes Licht gut korrigiert). Sie sind allerdings sehr teuer. Die Gravur „plan" weist auf ein geebnetes Bildfeld hin. In der Mikrofotografie bedeutet das ein bis in die Ecken scharfes Bild.

Objektive mit Aperturen über 1,0 müssen bei der Benützung in einen Tropfen Immersionsöl eintauchen, den man auf das Deckglas bringt. Darauf verweist die Gravur „Oel". Phasenkontrastobjektive tragen die Aufschrift „Ph".

Unter den Objektiven liegt der **Objekttisch,** durch dessen zentrale Bohrung man den **Kondensor** erkennt. Das ist ein kurzbrennweitiges Linsensystem, das das Licht gebündelt in das Objektiv bringt. Der Kondensor enthält weiter eine Irisblende, die **Kondensorblende.** Sie hat die gleiche Aufgabe wie die Blende im Fotoapparat: Mit ihr kann man die wirksame Öffnung der Mikroskopobjektive verkleinern. Die Kondensorblende wird aber nicht, wie die Blende im Fotoapparat, zum Regulieren der Bildhelligkeit benützt. Dazu legt man entweder Graufilter in den Filterhalter unter

dem Kondensor, oder man ändert die Entfernung zwischen Lichtquelle und Mikroskop. Der Filterhalter ist wichtig, denn hier kann man verschiedene Filter für spezielle Beleuchtungseffekte einlegen.
Mit dem **Beleuchtungsspiegel** lenkt man das Licht von unten in den Kondensor. Das Mikroskop braucht eine großflächige Lichtquelle, ein Stück Himmel ist gut geeignet. Hat man es mit einer mehr oder weniger punktförmigen Lichtquelle zu tun, wie etwa einer Tischlampe oder der Sonne, so muß man eine Mattscheibe in den Strahlengang bringen, z. B. in den Filterhalter oder vor den Fangspiegel. Sie übernimmt dann die Rolle der großflächigen Lichtquelle. Eine in den Mikroskopfuß eingebaute Beleuchtung ist bequem, aber nicht nötig. **Zwei Drehknöpfe** zum Heben und Senken von Tubus und Objekttisch, einer zum groben und einer zum feinen Einstellen der Bildschärfe sowie ein solider **Fuß** runden das Bild vom Mikroskop ab.
Mikroskope sind praktisch wartungsfrei. Sie sollen nur vor Staub geschützt werden. Die Linsen bedürfen der häufigen Reinigung, die Okularrücklinse, weil man sie allzu leicht beim Beobachten mit den immer fettigen Augenwimpern berührt, das Objektiv, wenn es mit der Probe in Kontakt gekommen ist. Zum Reinigen reibt man die Oberfläche vorsichtig mit einem weichen Tuch oder Papier ab und bläst danach anhaftende Flusen fort.

Zum Kauf eines Mikroskops

Nicht jeder erbt wie ich ein Mikroskop, das zugleich Schmuckstück, Jugenderinnerung und oft benutztes Gerät für erholsame Stunden ist. Nicht jeder hat auch eine Großmutter wie jene, die mich neulich um meinen Rat bat beim Kauf eines Mikroskops für ihre 14jährige Enkelin. Was für ein Mikroskop soll man dann kaufen?
Mikroskope kosten etwa so viel wie Fotoapparate: Es gibt ganz billige, den Pocket-Kameras vergleichbar, mit denen man bescheidene Erinnerungsfotos knipst, und es gibt ausbaufähige Forschungsmikroskope, die etwa so viel kosten wie ein Sportwagen mit 200 PS, und dazwischen alle Übergänge.
Am billigsten sind die sogenannten Schüler- oder Warenhausmikroskope. Ich möchte sie nicht so nennen, denn auch einem Schüler sollte man ein leistungsfähiges Mikroskop in die Hand geben, und die Warenhäuser bieten heute längst auch Mikroskope der Mittelklasse an. Ich möchte statt dessen von Kleinmikroskopen sprechen, denn die Mikroskope der untersten Klasse erkennt man daran, daß ihr Tubus nicht die genormten Anschlußmaße hat (etwa 23 mm für das Okular und 20 mm für die Objektive), sondern kleinere Maße. (Das Objektivgewinde der Mikroskope hat Tradition: Es wurde 1858 von der Royal Microscopical Society eingeführt und festgeschrieben.)

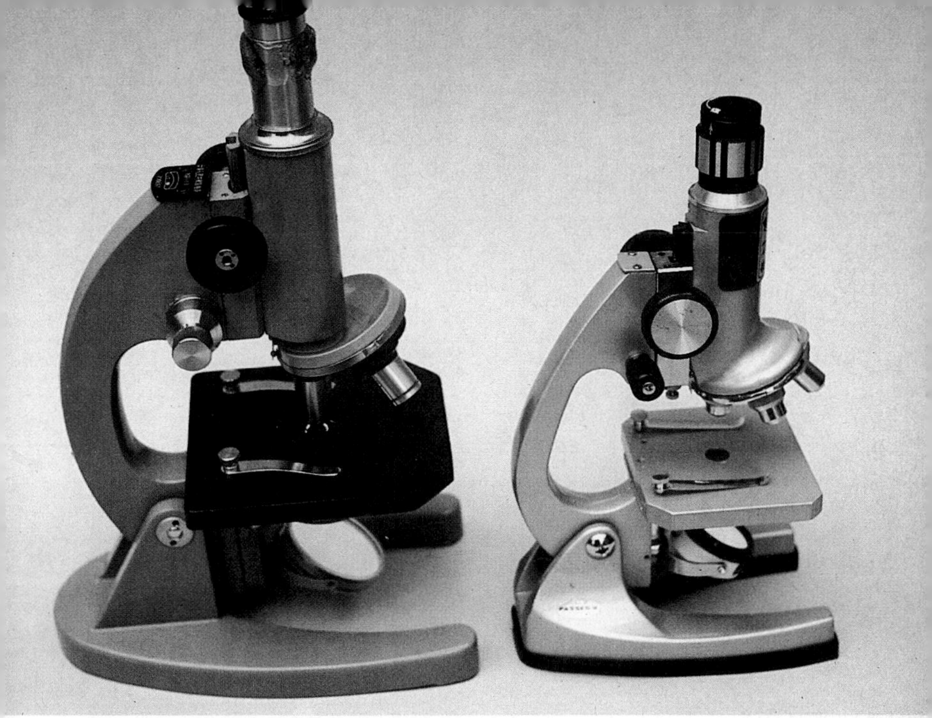

Bild 4. Ein Kursmikroskop und ein Kleinmikroskop im Vergleich

Im Kondensor fehlt zumindest die Irisblende, und die Objektive tragen keine Angaben über die numerische Apertur. Die Kleinmikroskope sind meist mechanisch sauber verarbeitet und können sehr hohe Vergrößerungen erreichen, aber sie geben fast immer ein unscharfes, vernebeltes und dunkles Bild. Das Bildfeld ist immer sehr klein, so als würde man durch eine enge Röhre schauen, und das hat auf uns Menschen, die wir gewohnt sind, einen freien Blick zu haben, eine niederdrückende Wirkung. Eine Ausbaufähigkeit ist nicht vorhanden. Schon mancher, der mit einem Kleinmikroskop begonnen hat, hat sich bald und für immer enttäuscht von der Mikroskopie abgewandt. Also greifen wir tiefer in die Tasche und wenden uns der nächsten Klasse zu, den sogenannten Kursmikroskopen. Sie sind in den letzten Jahren durch Importe aus Fernost billig geworden, sie kosten etwa so viel wie ein gutes Fahrrad. Mit einem Kursmikroskop kann man alle Aufnahmen machen, die in diesem Büchlein abgedruckt sind. In Wirklichkeit wurden sie aber mit einem Mikroskop aufgenommen, das schon über 80 Jahre alt ist. Man sieht: ein gutes Mikroskop ist eine Anschaffung fürs Leben, und für die Kinder und Enkel wahrscheinlich auch.

Kursmikroskope werden heute in Warenhäusern, beim Optiker und in Fotogeschäf-

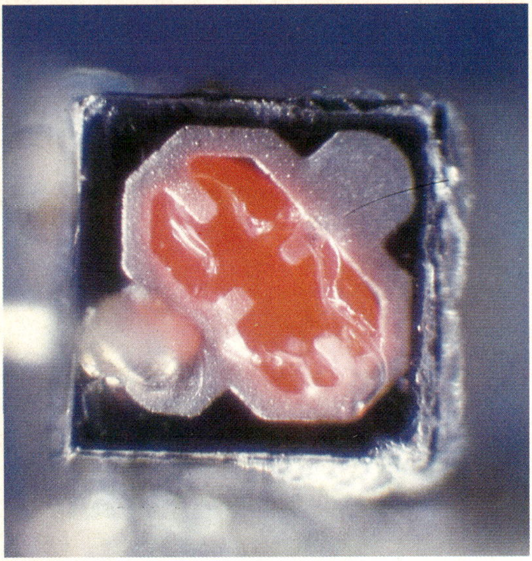

Bild 5 (links). Lumineszenzdiode, wie sie in Taschenrechnern und als Anzeigen in teureren Fotoapparaten verwendet wird. Bei geringstem Stromverbrauch senden sie wie Glühwürmchen ein einigermaßen kaltes Licht aus. Die abgebildete Diode leuchtet im eigenen Licht, während das Tageslicht die Umgebung erhellt.

Bild 6 (rechts). Durch Großstadtluft korrodierte Kupferplatte. Aufnahme in auffallendem Licht

ten angeboten, ein Einkaufsbummel in der Großstadt wird sicher eine attraktive Auswahl erbringen. Kursmikroskope haben genormte Anschlußmaße, so daß wir sie später weiter ausbauen können. Für den, der die Ausstattung seines Mikroskopes selbst zusammenstellen will, seien hier einige Ratschläge gegeben, die allerdings keine Vorschriften sein sollen:

Ein Okular genügt, da man die Vergrößerung durch die Objektivwahl festlegen sollte. Es soll nicht schwächer als 8fach vergrößern, da schwächere Okulare nur einen engen Blickwinkel freigeben, und nicht stärker als 12,5fach, weil noch stärkere Okulare das Bild zwar vergrößern, aber keine zusätzlichen Details erkennen lassen. Man spricht dann von Leervergrößerung. Den größten Sehgenuß bereiten Großfeld- oder Weitwinkelokulare in Verbindung mit Plan-Objektiven. Ein Binokulartubus für beidäugiges Sehen zeigt nicht mehr als ein normaler Tubus, und man sieht damit nach einer Zeit der Eingewöhnung auch nicht bequemer. Für die Mikrofotografie ist ein monokularer Tubus vorzuziehen.

Wer zu seiner Freude mikroskopiert, wird vor allem schwache Objektive benützen, z. B. mit den Eigenvergrößerungen 3, 10 und 40×.

Für die Immersionsobjektive mit einer Eigenvergrößerung ab 90× gibt es weniger Aufgaben in der Liebhabermikroskopie. Stehen Objektive gleicher Eigenvergrößerung, aber verschiedener Apertur zur Auswahl, so ist man für die Untersuchung von

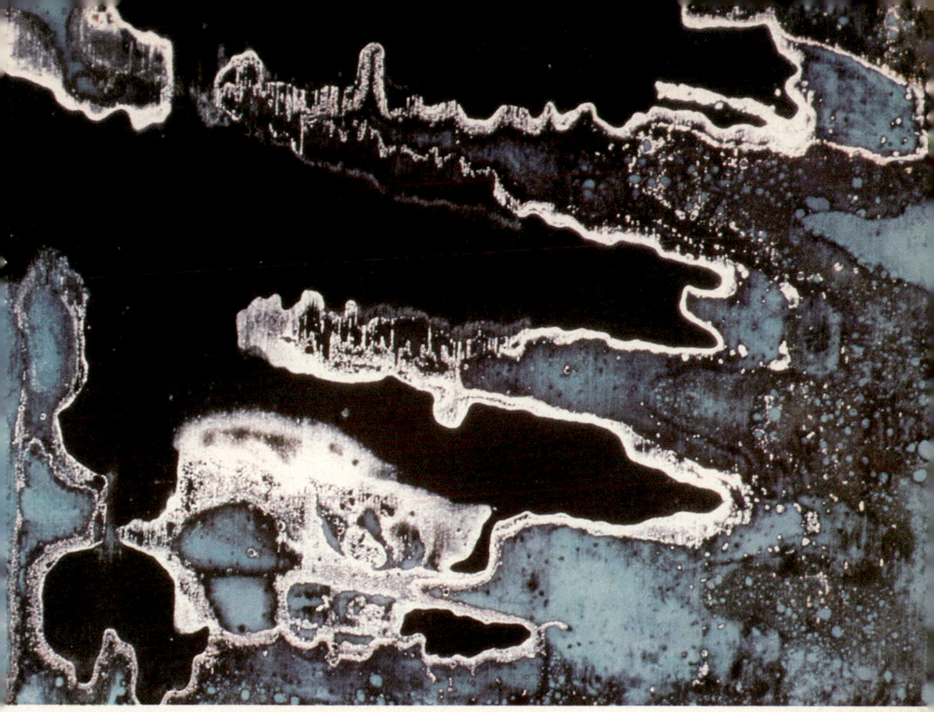

Wasserproben und Kleinsttieren bei schwachen Objektiven mit der geringsten Apertur am besten bedient. Sie zeichnet in der Schärfenebene zwar nicht so scharf, aber sie ergibt dafür eine größere Schärfentiefe, so daß man an lebenden Objekten mit ihrer meist merklichen Tiefenausdehnung mit der schwächsten Apertur mehr Einzelheiten erkennt als mit einer stärkeren. Dies ist aber die Ausnahme! Für die allermeisten mikroskopischen Arbeiten gilt: Je höher die Apertur, um so besser das Bild. Vor allem wer Schnitte oder Bakterienproben beobachten will, beides Objekte mit meist sehr geringer Tiefenausdehnung, wird mit einer stärkeren Apertur das bedeutend schärfere und klarere Bild bekommen. Wer schon weiß, daß er der Mikroskopie treu bleiben wird, der sollte erwägen, gleich zu Beginn Phasenkontrastobjektive zu erwerben, da er später doch einmal den Wunsch haben wird, auf Phasenkontrast umzusteigen. Die Ph-Objektive sind auch für alle anderen Lichtführungen geeignet, und der Kondensor läßt sich immer noch leicht für Phasenkontrast umrüsten. Brillenträger mit normaler Fehlsichtigkeit können zum Mikroskopieren die Brille abnehmen. Solche mit astigmatischen Sehfehlern sollten sie aufbehalten. Für sie gibt es spezielle Brillenträgerokulare, die einen besonders weiten Abstand zwischen Auge und Okular ermöglichen.
Zur Grundausrüstung gehören weiter Objektträger, Deckgläser, eine Pipette, eine Nadel und eine in den Filterhalter passende Mattscheibe.

Das erste Präparat

Ich habe im Bekanntenkreis eine Umfrage gemacht, welches Präparat sie als erstes unter ihr neues Mikroskop legen würden. Die große Mehrheit entschied sich für zwei Dinge: das eigene Haar und die Spucke. Also schneiden wir uns ein paar Haare ab, legen sie auf einen Objektträger, bedecken sie mit einem Deckglas und legen das fertige Präparat auf den Objekttisch. Dann schwenken wir mit dem Revolver das schwächste Objektiv in den Strahlengang, drehen an der Grobeinstellung und kontrollieren von der Seite, bis die Frontlinse etwa 10 mm über dem Präparat angekommen ist. Dann nehmen wir das Okular heraus und blicken in den Tubus. An seinem unteren Ende erkennen wir nun die Rücklinse des Objektivs. Von hinten gesehen wirkt der Durchmesser der Mikroobjektive viel größer als von vorne, weil die oberen Linsen wie Lupen die kleine Frontlinse vergrößert zeigen.
Nun richten wir den Beleuchtungsspiegel so auf die Lichtquelle, daß das Objektiv bei offener Kondensorblende ganz von Licht durchflutet ist. Gewöhnlich steht der Kondensor, wenn er in der Höhe verstellbar ist, am oberen Anschlag, und die plane Seite des Spiegels ist in Arbeitsstellung. Sollte man das Ziel nicht erreichen, so lege man die Mattscheibe in den Filterhalter. Bei den allerschwächsten Objektiven nimmt man den Kondensor ganz heraus und arbeitet mit der Hohlspiegelseite des Beleuchtungspiegels.
Dieses Kontrollieren der Lichtführung ohne Okular steht am Anfang fast jeder mikroskopischen Untersuchung.
Jetzt wird scharfgestellt: Wir drehen den Grobstellknopf so, daß er den Abstand zwischen Objekt und Objektiv vergrößert. Dabei blicken wir durch das wieder eingesetzte Okular. Dann sollten wir erst schattenhaft, dann aber aus nebliger Tiefe auftauchend unser Präparat erkennen. Ist das nicht der Fall, so verschieben wir es auf dem Objekttisch und suchen es erneut, vielleicht auch aus geringerem Objektivabstand. So werden wir bald den Arbeitsabstand unseres Objektivs kennenlernen. Er wird für das 4fache Objektiv bei 20 mm liegen, für das 10fache bei 7 mm, für das 40fache bei 0,7 mm und für die Ölimmersion bei 0,1 mm. Spezialobjektive haben meist viel geringere Arbeitsabstände, weil der Optikrechner jeden Millimeter gebraucht und mit Linsen vollgestopft hat.
Niemals darf man bei Objektiven mit geringem Arbeitsabstand das Objektiv ohne Kontrolle durch einen Blick von der Seite auf das Objekt senken, weil man nicht merken würde, wenn es auf das Präparat stößt. Teure und starke Objektive haben zwar eine federnde Lagerung, aber sehr häufig würde man zumindest die Frontlinse beschmutzen. Im ungünstigsten Fall zertrümmert man Objekt und Objektiv.
Jetzt können wir mit der Kondensorblende spielen oder den Beleuchtungsspiegel schwenken, bis uns das Bild am besten gefällt. Je mehr wir die Kondensorblende

Bild 7. Beim Versuch, Silber aus verbrauchtem Fixierbad zu gewinnen, entstand unter der Flamme des Schweißbrenners ein Silberklumpen, der oberflächlich mit Schlacke bedeckt war. Beim Abkühlen kam stellenweise das Metall zum Vorschein. Unter dem Mikroskop ergab sich im Auflicht eine interessante Struktur.

schließen oder den Kondensor senken, desto kontrastreicher wird das Bild. Ein Blick durch den Tubus ohne Okular zeigt uns, daß nun nur noch der zentrale Teil des Objektivs vom Licht durchflutet wird, so als säße die Blende nicht im Kondensor, sondern im Objektiv. Tatsächlich liegt nicht die Blende, sondern ihr Bild im Objektiv, und zwar verkleinert. Durch diesen optischen Trick ersparen sich die Mikroskophersteller die Mühe, in jedes Objektiv eine mikroskopisch kleine Blende einzubauen. Beim Abblenden steigt die Schärfentiefe und sinken Bildschärfe und Bildhelligkeit. Beim Fotoapparat ist das genauso, aber vom Schärfeverlust merkt man erst ab Blende 16 etwas. In der Regel gibt das Mikroskop das beste Bild, wenn etwa zwei Drittel des Objektivdurchmessers vom Licht durchflutet werden.
Anschließend können wir das nächststärkere Objektiv in den Strahlengang schwenken. Passen Mikroskop und Objektive zusammen, so werden wir nicht mehr viel Mühe mit dem Scharfstellen haben, denn der Hersteller hat die Baulänge seiner Objektive gleich passend „abgeglichen“. Ist das nicht der Fall, so müssen wir erneut die Schärfenebene verschieben, bis sie in das Präparat fällt. Diesmal wird der Arbeits-

abstand viel geringer sein, und wir benützen den Feintrieb zum letzten Scharfstellen. Später werden wir immer eine Hand am Feintrieb lassen und mit ihm die verschiedenen Ebenen in unserem Präparat abtasten, denn die Schärfentiefe der stärkeren Objektive ist so extrem gering, daß man kaum je ein Lebendpräparat in seiner ganzen Tiefenausdehnung auf einen Blick überschauen kann. Der Feintrieb darf sowohl aufwärts wie abwärts bewegt werden, solange wir das Objekt noch erkennen.

Bei stärkeren Objektiven muß ein Deckglas das Präparat bedecken. Es ist vom Optikrechner als „erste Linse" mit in die Korrektur des Objektivs einbezogen.

Wollen wir auch das Immersionsobjektiv benützen, so geben wir einen Tropen Immersionsöl auf das Deckglas und schwenken das Immersionsobjektiv von der Seite in den Tropfen. Jetzt dürfen wir die Scharfstellung nur noch mit dem Feintrieb vornehmen, und es sei nicht verschwiegen, daß das ein schwieriges Geduldspiel sein kann. Nachher müssen wir das Objektiv und notfalls auch den Objekttisch mit einem sauberen, mit etwas Benzin befeuchteten Lappen reinigen.

Das Ganze kann leicht in eine ziemliche Kleckerei ausarten. Das Schauen durch das Mikroskop muß man lernen wie Radfahren, und man wird erst nach vielen Stunden unbewußt das Richtige tun. Das fängt schon mit dem richtigen Abstand zwischen Auge und Okular an. Er ist dann am besten, wenn man ein möglichst großes Bild überschaut, und ist vom verwendeten Okulartyp abhängig. Wenn wir bei gutem Sehabstand mit unseren Augenwimpern die obere Linse berühren, so müssen wir sie von Zeit zu Zeit mit einem weichen Lappen reinigen.

Es ist wichtig, mit entspanntem Auge durch das Mikroskop zu blicken, so, wie man im Kino auf die Leinwand blickt. Das Scharfstellen besorgen nicht unsere Augenmuskeln, sondern die Hand am Feintrieb. Bei einem erfahrenen Mikroskopiker ist sie fast immer in Bewegung, er gewinnt dadurch, daß er nacheinander die verschiedenen Ebenen des Objektes in die Schärfenebene bringt, ein räumliches Bild des Objektes, obwohl er stets nur einen ganz kleinen Ausschnitt davon scharf sieht. Der „Computer" in unserem Gehirn besorgt kostenlos die Synthese des Gesamtbildes aus den nacheinander gesehenen Teilbildern.

Hat das Mikroskop nur einen Tubus, so kneift man das freie Auge niemals zu. Trotzdem wird man bald nur das Bild im Mikroskop sehen, alles andere wird im Gehirn „abgeschaltet". Ganz ähnlich sehen wir beim Fernsehen auch nur den Bildschirm und nicht das ganze andere Drumherum.

Das Bild im Mikroskop steht auf dem Kopf und ist seitenverkehrt. Das ist nicht schlimm, weil wir das Bild ja nur durch das Mikroskop sehen und darum keine Vergleichsmöglichkeiten haben. Wenn wir aber den Objektträger auf dem Objekttisch verschieben, so wandert das Bild in die falsche Richtung und verschwindet anfangs, und bei starken Vergrößerungen manchmal unwiederauffindbar, aus dem Blickfeld. Das Mikroskop vergrößert nämlich nicht nur Strecken, sondern auch Geschwindigkeiten, und der Tropfen unter dem Deckglas wird zum „Ozean", in dem wir gar nicht so einfach navigieren können. Später macht man auch da unbewußt das Richtige und merkt überhaupt nicht mehr, daß man ganz andere Bewegungen macht als im Alltag. Bis zu etwa 500facher Vergrößerung kann man ein Präparat noch durchmustern, indem man es mit den Fingern auf dem Objekttisch hin und her schiebt. Bei stärkerer Vergrößerung sind unsere Hände dafür zu zitterig und ungehorsam, und man braucht einen durch Drehknöpfe verschiebbaren Objekttisch, der aus den großen Wegen der Finger kleinste Verschiebungen macht.

Mikroskopiert man bei Glühlampenlicht, so ist das Bild gelblich und die Blautöne kommen schlecht zur Geltung. Auch das kann unser Gehirn weitgehend wegkompensieren. Will man aber später mit dem Mikroskop fotografieren oder wünscht man ein tageslichtähnliches Kunstlicht, so kann man das Bild besser beurteilen und genießen, wenn man ein Blaufilter in den Filterhalter legt, wie es zum Zubehör der meisten Mikroskope gehört.

Das Haar bietet als Untersuchungsobjekt nicht viel: Es ist außen geschuppt und innen aus einer lockeren Markschicht aufgebaut. Es ist dick und macht darum die klägliche Schärfentiefe des mikroskopischen Bildes fast schmerzlich deutlich. Also probieren wir es mit der Spucke:

Wir kratzen mit der Längskante des Objektträgers einmal über unsere Zunge. Den so gewonnenen Speicheltropfen müssen wir nun mit einem Deckglas bedecken. Wir kratzen zunächst die Flüssigkeit mit der Deckglaskante in der Mitte des Objektträgers zusammen. Dann setzt man das Deckglas mit einer Kante schräg über die Probe, hält die obere Kante mit einer Nadel und senkt sie dann langsam auf das Präparat. Wenn man es richtig macht, schließt die Flüssigkeit keine Luftblasen ein, die im mikroskopischen Bild sehr störend wirken würden. (Da unser Speichel von Natur aus schaumig ist, sind Luftblasen in diesem Fall unvermeidbar.) Die richtige Größe des Tropfens muß man durch Pröbeln herausfinden. Er soll nicht so groß sein, daß das Deckglas auf ihm herumschwimmt, und nicht so klein, daß es die Objekte zerquetscht.

Gleich anschließend wird mikroskopiert, denn wenige Minuten später beginnt das Präparat auszutrocknen und ist nach einer halben Stunde unbrauchbar geworden. In unserem Spuckepräparat werden wir flache, zu unregelmäßigen Vielecken geformte Deckzellen erkennen, wie sie ständig von der Schleimhautoberfläche abschilfern.

Manche enthalten einen dunkleren Zellkern, andere sind leer und abgestorben und in anderen toben winzige dunkle Stäbchen herum. Es sind Bakterien, die wir in unserer Mundhöhle beherbergen. Ihre Beweglichkeit muß nicht eine eigene Leistung sein. Vielmehr werden sie auch ständig von den sie umgebenden Wassermolekülen angestoßen und umhergeschubst. Ihre unregelmäßige Zitterbewegung heißt auch Brownsche Molekularbewegung. Die Deckzellen aus unserer Mundhöhle sind völlig farblos und sehr durchsichtig, so daß unser Bild kontrastarm sein wird. Spätestens jetzt fangen wir an, uns Gedanken darüber zu machen, wie wir den Kontrast des mikroskopischen Bildes erhöhen können. Wir können zum Beispiel mit der Beleuchtung spielen. Da gibt es verschiedene Möglichkeiten, die nun vorgestellt seien.

Beleuchtungsverfahren

Die Hellfeldbeleuchtung

Die eben beschriebene Lichtführung heißt Hellfeldbeleuchtung. Dabei blickt man durch das Mikroskop direkt in die großflächige Lichtquelle. Man betrachtet also das Präparat genau wie ein buntes Kirchenfenster. Der Kontrast im Bild entsteht dabei erstens, indem ein Teil des ankommenden Lichts im Präparat vernichtet (absorbiert) wird. Werden nur bestimmte Farben absorbiert und andere durchgelassen, so erscheint unser Objekt in Farben, denn Weiß ist die Summe aller Farben des Sonnenlichtes. Ein zweiter Teil des Lichtes wird zwar durchgelassen, aber von den brechenden Strukturen im Präparat aus seiner Richtung abgelenkt. Er gelangt dann nicht durch das Objektiv und in unser Auge. Folglich fehlt das Licht im Bild, und wir sehen die lichtbrechende Struktur dunkel vor hellem Hintergrund. In beiden Fällen sehen wir das Objekt also nicht durch sein Licht, sondern durch seine Schatten. Je weiter wir das Objektiv abblenden, je enger also die wirksame Öffnung des Objektivs wird, desto mehr abgelenktes Licht gelangt nicht mehr durch das Objektiv in unser Auge. Darum steigt der Kontrast, wenn wir die Kondensorblende schließen; zugleich aber sinkt die Auflösung: Wir sehen zwar das Bild kontrastreicher, aber mit weniger Feinheiten. Gänzlich lichtundurchlässige Objekte erscheinen bei Hellfeldbeleuchtung als Schattenriß.
Farblose und darum zur Betrachtung im Hellfeld schlecht geeignete Objekte kann man vor der Beobachtung anfärben. In der wissenschaftlichen Mikroskopie ist die Färbetechnik bis ins letzte ausgeklügelt worden. Der Laborhandel bietet Hunderte von Farbstoffen an, und es gibt Mehrfachfärbungen, die verschiedene Organbestandteile in verschiedenen, kontrastierenden Färbungen anfärben.
Am einfachsten erscheinen dem Laien die Vitalfärbungen, bei denen man die Objekte einfach in einer verdünnten Farbstofflösung schwimmen läßt, bis sie genügend Farbstoff aufgenommen haben. Es gibt aber nur ganz wenige Farbstoffe, mit denen man lebende Objekte ohne Schaden färben kann. Einfache und leicht zu beschaffende Farbstoffe sind farbige Tinten, die ja nie starke Gifte sein dürfen. Hat man überfärbt, so kann man den überschüssigen Farbstoff mit Wasser wieder auswaschen. Auch die Mine eines Kopierstiftes löst sich in Wasser zu einem wirksamen Farb-

Bild 8. Querschnitt durch ein Lichtleiterkabel unter dem Mikroskop. Das Kabel besteht aus einem Bündel von Glasfasern, deren jede das Licht fortleitet, ohne daß es das Kabel verlassen und sich mit dem Licht der Nachbarkabel vermischen kann. Innerhalb eines Fadens erfolgt vollkommene Vermischung. Darum zeigt jede Faser eine einheitliche Färbung.

stoff, der allerdings giftig ist. Die klassischen Vitalfarbstoffe sind Neutralrot und Methylenblau.

Man kann auch auf dem Objektträger färben. Dazu setzt man einen Tropfen Farblösung so dicht neben das Deckglas, daß die Farbe unter das Deckglas einsickern kann. Durch das Mikroskop verfolgt man die Ereignisse. Man kann auch auf der Gegenseite mit einem saugfähigen Papier Flüssigkeit abziehen und so den Farbstoff rasch unter das Deckglas ziehen. Ebenso entfernt man überschüssige Farblösung, wenn die Färbung beendet ist.

Die Hellfeldbeleuchtung ist die altbewährte, „klassische" Methode. Sie ist auch heute noch die Grundlage aller mikroskopischen Arbeit. Alle anderen Methoden sind Spezialverfahren, die sich jeweils nur für bestimmte Objekte eignen und nur bei ihnen bessere Resultate ergeben als die Hellfeldbeleuchtung. Der Hobbymikroskopiker braucht zuallererst ein „allround"-Verfahren, mit dem er möglichst viele Objekte untersuchen kann; er sollte sich vor allem in die Hellfeldmikroskopie einarbeiten.

Die schiefe Beleuchtung

Dies ist eine abgewandelte Hellfeldbeleuchtung. Wir erhalten sie am einfachsten mit einer durchlochten schwarzen Pappscheibe, die wir in den Filterhalter einlegen. Das Loch sei etwa markstückgroß und die ganze Scheibe so breit, daß wir sie während der Beobachtung greifen und verschieben können.
Wenn wir die Lochblende seitlich verschieben, so wird die Beleuchtung unsymmetrisch. Das Ergebnis ist eine interessante, reliefartige Beleuchtung, so als würde das Licht über das Objekt streifen und zarte Schatten werfen. Im Bildhintergrund erhalten wir einen Lichtabfall quer über das Bild. Vor dem hellen Hintergrund befindliche Strukturen erscheinen dunkel, solche auf der dunklen Seite leuchten hell vor dem düsteren Hintergrund auf.

Die Dunkelfeldbeleuchtung

Wenn wir in den Filterhalter eine Scheibe aus glasklarem Material legen, auf der wir eine Scheibe aus schwarzem Material anbringen, die so groß ist, daß man beim Blick durch den Tubus ohne Okular überhaupt keinen Teil der Lichtquelle mehr sehen kann, so wird ohne Präparat nach Einsetzen des Okulars ebenfalls vollkommene Dunkelheit im Blickfeld herrschen. Bringen wir nun aber eine Probe auf den Objekttisch, so werden die brechenden Strukturen im Präparat etwas Licht so aus seiner Richtung ablenken, daß es doch in unser Auge gelangt; Die Struktur wird hell vor schwarzem Hintergrund aufleuchten. War das Wasser der Probe trübe, so wird jedes Schwebeteilchen, selbst wenn es so klein ist, daß wir es bei Hellfeldbeleuchtung gar nicht mehr sehen können, als Lichtpünktchen aufflimmern, so daß wir einen ganzen Sternenhimmel zu sehen glauben. Ebenso sehen wir alle

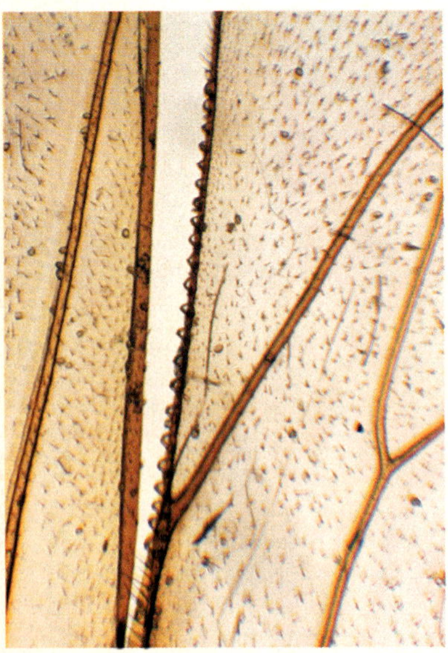

Bild 9. Ausschnitt aus dem Flügelpaar einer Honigbiene in Hellfeldbeleuchtung. Die Hakenreihe am Flügelrand verbindet Vorder- und Hinterflügel zu einer funktionellen Einheit.

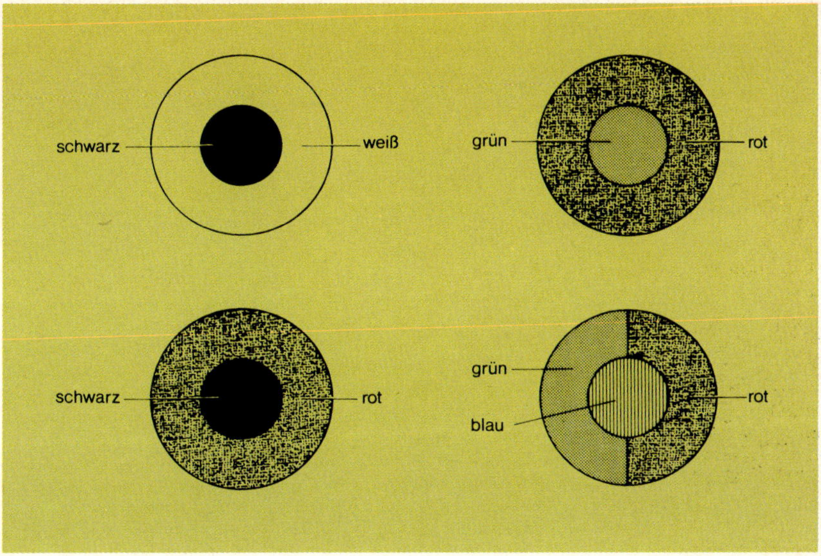

Bild 10. Filter zur Dunkelfeld- und Rheinbergbeleuchtung. Aus Deckart (Mikrokosmos 1979, H. 1)

anderen Strukturen im Präparat hell aufleuchten. Mit der Kondensorblende und mit der Höhenverstellung des Kondensors können wir ein wenig mit den Lichteffekten spielen. Diese Dunkelfeldbeleuchtung ergibt dramatische Lichteffekte, sie läßt aber auch alle Verunreinigungen auf Deckglas und Objektträger überdeutlich in Erscheinung treten.

Die hier angegebene Dunkelfeldbeleuchtung ist nur mit schwachen, allenfalls mittleren Objektiven möglich. Für starke Objektive braucht man einen besonderen Dunkelfeldkondensor.

Die Rheinberg-Beleuchtung

Diese modifizierte Dunkelfeldbeleuchtung, nach ihrem Erfinder Julius Rheinberg benannt, ermöglicht ein „Färben" mit Licht. Ort der Handlung ist wie in den letzten Beispielen der Filterhalter unter dem Kondensor. Hier kann man eine Zentralblende einlegen, die nicht schwarz ist wie bei der Dunkelfeldbeleuchtung, sondern tief

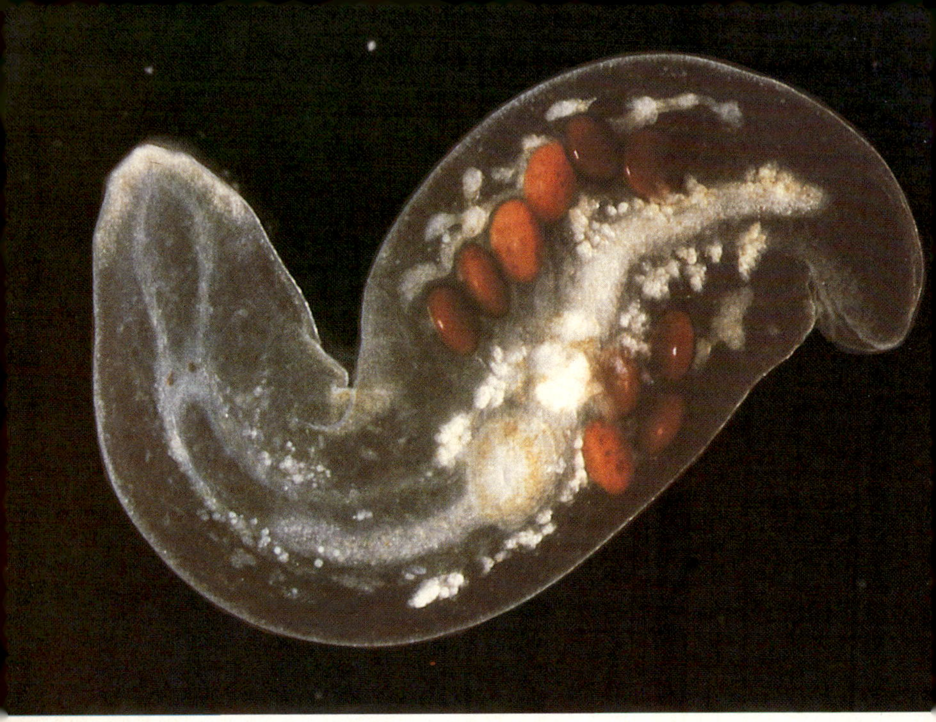

Bild 11. Ein Strudelwurm des Süßwassers (*Mesostoma*). Kombination von Auflicht- und Dunkelfeldbeleuchtung. Man erkennt das Gehirn mit den beiden Augen. Von ihm aus gehen zwei Nervenstränge zu den Tastsinneszellen am Vorderende und zwei nach hinten. Die Mundöffnung liegt in der Körpermitte, beiderseits davon werden die braunen Eier gebildet.

dunkel eingefärbt. Dann kann auch etwas Licht auf geradem Wege durch dieses Filter in das Auge gelangen, und wir sehen den Bildhintergrund farbig erhellt. Vor ihm leuchtet das Objekt, das von den Randstrahlen, die nicht durch das zentrale Filter müssen, voll getroffen wird, im weißen Licht in seinen Eigenfarben auf. Das ist die einfarbige Rheinbergbeleuchtung. Wie schon bei der Dunkelfeldbeleuchtung ist auch hier die Kondensorblende voll geöffnet. Wenn man nun auch noch den lichtdurchlässigen Ring um die dunkle Zentralblende einfärbt, so erscheint das Objekt in der Farbe des Lichtringes vor einem Hintergrund in der Farbe der Zentralblende. Das ist die zweifarbige Rheinbergbeleuchtung.

Schließlich kann man auch noch den hellen Ring in vier gleiche Sektoren unterteilen und je zwei sich gegenüberliegende Sektoren in der gleichen Farbe einfärben. So kann man im Lichtring zwei und in der Zentralblende eine dritte Farbe unterbringen. Das ergibt die dreifarbige Rheinbergbeleuchtung.

Die Farbfilter kann man aus bis zur Farblosigkeit fixiertem unbelichtetem Schwarzweiß-Film oder massiv überbelichteten Farbdiafilmen herstellen, in die man die

gewünschten Farbtöne mit Eiweißlasurfarben einziehen läßt. Das Zentralfilter muß immer viel dichter sein als der farbige Ring. Die Helligkeit des Hintergrundes kann man feinfühlig variieren, wenn man über der Zentralfolie noch eine Polfilterfolie anbringt und ein zweites Polfilter im Okular. Wenn man dann das Okular dreht, verändert sich die Helligkeit des Hintergrundes, nicht aber die des von den Randstrahlen illuminierten Objektes.
Die Rheinbergtechnik ermöglicht effektvolle Farborgien, die aber leicht zur Geschmacklosigkeit entarten können. Hat man Formen der Natur unter dem Objektiv, so sollte man sie nur dezent einsetzen, sonst heißt es später: „von Natur keine Spur".

Die Auflichtbeleuchtung

Alle bisher beschriebenen Lichtführungen setzten ganz oder teilweise lichtdurchlässige Objekte voraus. Sehr viele Formen des Mikrokosmos sind aber vollkommen lichtundurchlässig. Die Industrie bietet für die Mikroskopie solcher Objekte raffinierte „Opak-Illuminatoren" an, es geht aber auch einfacher, besonders bei schwachen Objektiven mit größerem Arbeitsabstand. Man beleuchtet das Objekt einfach schräg von oben mit scharfem Seitenlicht. Will man die Schattenseite aufhellen, so fertigt man sich ein rinnenförmig zurechtgebogenes Stück Alufolie und stellt es der Lichtquelle gegenüber auf dem Objektträger auf. In diese Halbröhre senkt man zur Beobachtung das Objektiv. Die Alufolie wirkt nun für das von der Gegenseite kommende Licht wie ein Brennspiegel, und es entsteht eine weiche, fast allseitige Beleuchtung. Diese Art von „Lichtsumpf" ist besonders für die Mikrofotografie geeignet.
Auflicht muß recht intensiv sein. Sonnenlicht oder das Licht aus einem Diaprojektor sind gut geeignet.
Objekte für die Auflichtmikroskopie sollen möglichst flach sein, weil hier die geringe Schärfentiefe der Mikroskopobjektive besonders auffällt. Sie ist die Auswirkung eines optischen Gesetzes, das besagt, daß die Schärfentiefe um so geringer ist, je größer der Abbildungsmaßstab und je größer die Lichtstärke sind. Dabei ist die Lichtstärke weniger wichtig, weil sie bei den Mikroskopobjektiven nur in geringen Grenzen schwankt. Wir können sie leicht abschätzen, indem wir ohne Okular in den Tubus schauen: Je größer die lichtdurchflutete Fläche der Objektivhinterlinse, desto größer die Lichtstärke. Die Größe der Frontlinse hat dagegen keine Bedeutung. Sonst müßte die Ölimmersion mit ihrer stecknadelkopfgroßen Frontlinse ja eine ganz minimale Lichtstärke haben.
Der Raum, in dem sich die Objektstrukturen befinden müssen, damit man sie im Mikroskop scharf sieht, ist von oben gesehen rund wie das Bildfeld des Mikroskops

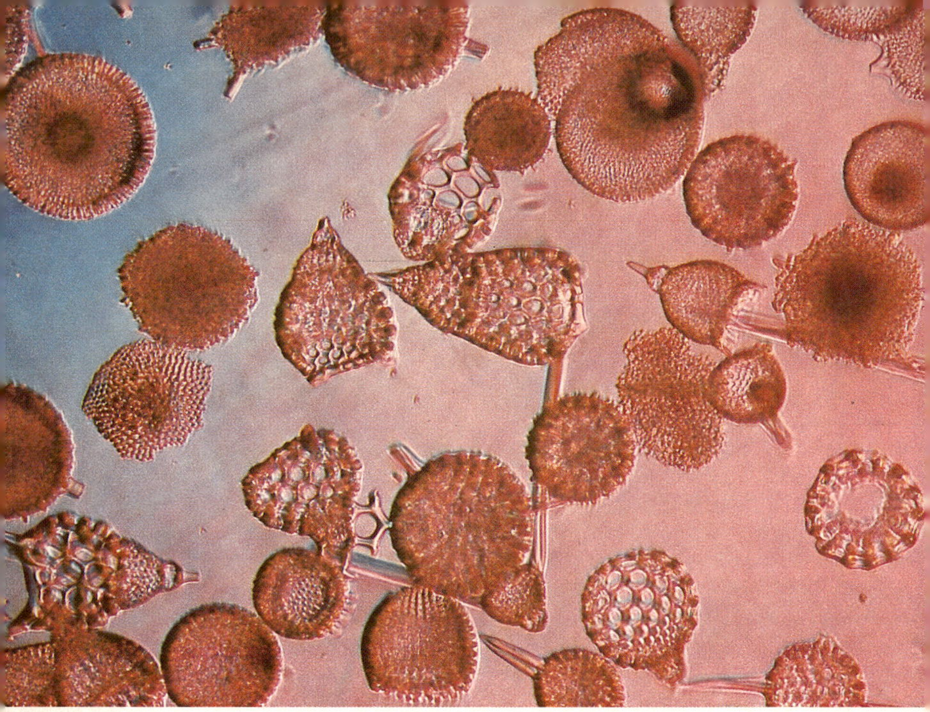

Bild 12. Radiolarienskelette in Rheinbergbeleuchtung. Die Radiolarien sind schwebende Einzeller warmer Meere. Sie bauen aus Kieselsäure zierliche Gehäuse, die nach dem Tod der Tiere auf den Meeresgrund sinken und weithin den Tiefseeboden bedecken. Die abgebildete Probe stammt von der Insel Barbados.

und hat eine bestimmte Dicke. Denken wir uns den Durchmesser des Bildfeldes gleich 10 cm, so hat es mit schwachen Objektiven der numerischen Apertur von 0,1 bis 0,2 noch eine Dicke von 2 bis 3 mm, also etwa die Proportionen einer Schnitte Vollkornbrot, bei einer Apertur von 40 noch höchstens 1 mm Dicke, also die Maße einer dünn geschnittenen Käsescheibe, und bei einer Apertur um 1,0 noch 0,2 mm, also die Proportionen einer Postkarte.

Bei Hellfeldbeleuchtung konnten wir immerhin noch mit der Kondensorblende abblenden, wenn auch unter Verlust an Auflösungsvermögen. Bei Dunkelfeld- und Rheinbergbeleuchtung und Auflicht geht das nicht mehr. Braucht man trotzdem mehr Schärfentiefe, als das Objektiv bei voller Öffnung hergibt, so kann man Blenden in das Objektiv einlegen. Praktisch für diesen Zweck sind die sogenannten Unterlegscheiben, die es in allen Eisenwarengeschäften in dicht gestaffelten Durchmessernzu kaufen gibt.

Das ist besonders in der Mikrofotografie von Bedeutung, denn der Film zeichnet nur auf, was scharf ist im Moment der Aufnahme. Bei visueller Betrachtung gewöhnt sich das Wunderwerk Gehirn bald daran, aus dem Nacheinander der Betrachtung der verschiedenen Schärfenebenen ein Gesamtbild des räumlichen Objektes zu komponieren.

Die Phasenkontrastbeleuchtung

Alle bisher beschriebenen Lichteffekte wurden vor dem Objektiv erzeugt. Das eigentliche Mikroskop vergrößert nur noch, stur wie ein preußischer Soldat, was man ihm zu vergrößern aufträgt. Bei der Phasenkontrastbeleuchtung ist das anders, da wirkt das Objektiv mit. Dazu sind spezielle Phasenkontrastobjektive in der Lage. Sie tragen zusätzlich zu den üblichen Gravuren die Bezeichnung „Ph". Blickt man von hinten in ein Phasenkontrastobjektiv, so sieht man, meist tief zwischen den Linsen eingebettet, einen grauen, also nur teilweise lichtdurchlässigen Ring. Durch ihn

Bild 13. Schillerschuppen im Augenfleck eines tropischen Schwalbenschwanzes (Auflichtbeleuchtung). Deutlich erkennt man die minimale Schärfentiefe des mikroskopischen Bildes.

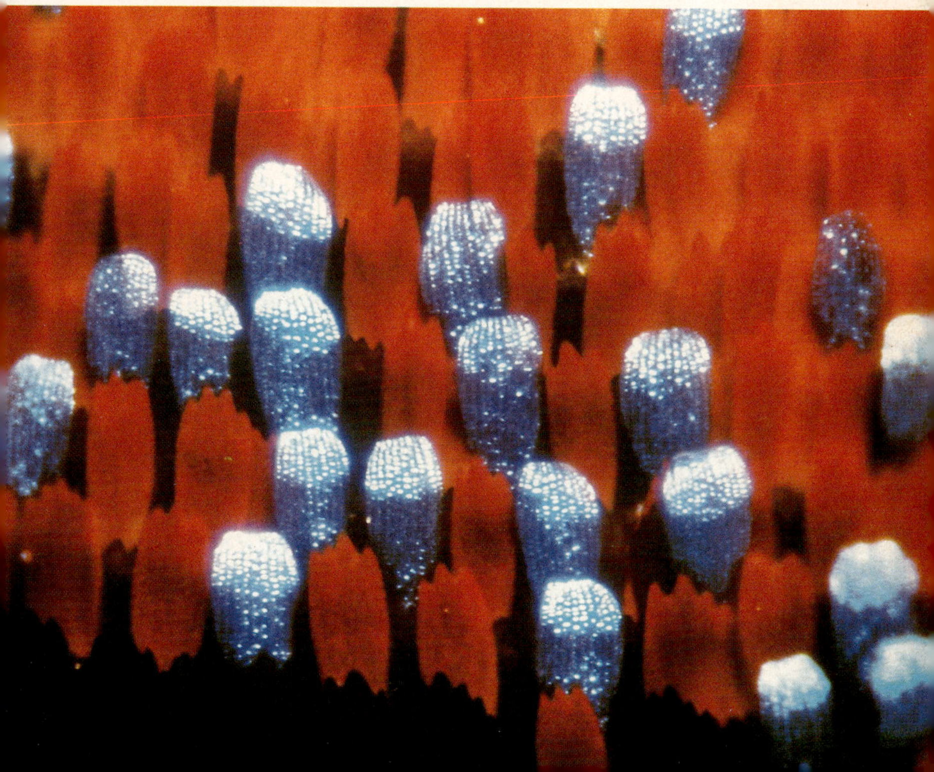

Bild 14. Ausschnitt aus der Schmuckfeder eines Pfauhahnes (Auflicht). Durch einen Schattenaufheller wurde der Helligkeitskontrast gemildert.

muß das ungebrochen vom Kondensor kommende Licht hindurchtreten. Das wird erreicht, indem man auf den Kondensor eine passende Ringblende aufsetzt, die nur einen Lichtring durchläßt. Eine solche Phasenblende kann man kaufen, man kann sie aber auch aus schwarzer Kunststoffolie selber ausstanzen. Den richtigen Durchmesser findet man am einfachsten durch Probieren. Dazu blickt man ohne Okular in den Tubus und das Phasenkontrastobjektiv. Es sollte auch ein Präparat auf dem Objekttisch sein. Dann erkennt man im Objektiv den grauen Phasenring und den strahlend hellen Lichtring der Phasenblende auf dem Kondensor.
Wenn man den Kondensor höher oder tiefer stellt, ändert sich der Durchmesser des Lichtringes im Objektiv. Schließlich muß er so groß sein, daß er gerade in den Phasenring im Objektiv hineinpaßt. Durch seitliches Verschieben bringt man nun beide zur Deckung. Das ist mit einem zentrierbaren Kondensor leicht zu bewerkstelligen, schwierig aber durch bloßes Verschieben einer behelfsmäßig hergestellten Phasenblende. Damit ist die Phasenkontrastbeleuchtung eingestellt. Man setzt das Okular wieder ein und kann im Phasenkontrast beobachten. In ihm erscheinen die Mikroorganismen zart hell umsäumt vor einem dezent graublauen Hintergrund. Fein-

ste Details wie Geißeln, Vakuolen und der Zellkern erscheinen in vorher nie geahnter Klarheit, und das bei voll erhaltener Lebenstätigkeit. Der holländische Physiker Frits Zernike ist für die Erfindung des Phasenkontrastverfahrens mit dem Nobelpreis geehrt worden.
Natürlich gibt es auch komfortable Phasenkontrastmikroskope zu kaufen, mit eingebauten Phasenringen im Kondensor, die man in den Strahlengang schwenken kann und nicht mehr zu justieren braucht. Aber die Mehrkosten liegen sicher über 1000 Mark. Alle Bildbeispiele in diesem Büchlein sind mit der hier beschriebenen Selbstbaumethode aufgenommen. Wem das Justieren der Phasenringe Schwierigkeiten macht, der kann beim Optiker ein Brillenglas mit 16 oder 17 cm Brennweite erwerben; man legt es statt des Okulars zum Einstellen auf den Tubus und kann nun mühelos die Phasenringe zur Deckung bringen. Gewöhnlich benötigt man für jedes Phasenobjektiv eine eigene Ringblende mit speziellem Durchmesser.
Phasenkontrastobjektive sind wesentlich teurer als normale Hellfeldobjektive. Wer die zusätzliche Ausgabe dafür in Kauf nimmt, sollte sich doch überlegen, ob er nicht auch einen handelsüblichen Phasenkontrastkondensor erwerben will, der die richtige Einstellung der Phasenkontrastbeleuchtung ohne Bastelarbeit garantiert.
Phasenkontrast eignet sich nur für sehr dünne Objekte. Man kann mit Phasenkontrastobjektiven auch im normalen Hellfeld arbeiten, muß aber – im Vergleich mit Hellfeldobjektiven – einen Verlust an Auflösung hinnehmen.

Beleuchtung mit polarisiertem Licht

Ähnlich wie das Phasenkontrastverfahren zeigt die Beleuchtung mit polarisiertem Licht die Objekte verfremdet, also anders, als sie das Auge, bewaffnet mit nichts als einem Vergrößerungsgerät, sehen würde. Aber im Grunde ist auch schon das normale Mikroskop ein verfremdendes Instrument: Um ein wirklich realistisches Bild eines Objektes zu entwerfen, bräuchte man alle Lichtstrahlen, die von dem Objekt ausgehen. Das Mikroskop fängt davon aber nur jenes Bündel auf, das in das Objektiv eindringt. Darum kann man mit dem Mikroskop nicht beliebig stark vergrößern, und das um so weniger, je weiter wir das Objektiv abblenden und mit je geringerer Apertur wir beobachten. Bei starker Vergrößerung bildet das Mikroskop statt eines Punktes ein Scheibchen ab, das sogenannte Beugungsscheibchen. Sein Durchmesser wächst beim Abblenden, so daß nahe beieinander liegende Strukturen verfließen und nicht mehr getrennt oder „aufgelöst“ werden können. Zudem ist jedes Beugungsscheibchen noch von einigen Lichtringen, den Beugungsringen, umgeben. Wir sehen sie besonders deutlich um jeden Glitzerpunkt bei der Auflichtbeleuchtung.
Für die Betrachtung im polarisierten Licht brauchen wir zwei Polfilter und können die Ausrüstung durch eine Rolle Tesafilm erweitern. Ein Polfilter legt man in den

Filterhalter, das andere wird üblicherweise auf oder in dem Okular angebracht. Wenn wir nun das Okular drehen, so wird die Helligkeit des Bildhintergrundes bei einem Umgang zwei Helligkeitsmaxima und zwei Minima durchlaufen. Das bedeutet: Zweimal erscheint der Hintergrund hell, zweimal vollkommen schwarz. Bringt man nun in Dunkelstellung der Filter (man spricht von gekreuzten Filtern) ein Objekt auf den Objekttisch, so werden jene Bestandteile, die „optisch aktiv" sind, in bunten Farben aufleuchten. Optisch aktiv sind Gebilde aus Zellulose, also alles Pflanzenmaterial, ferner Chitin (die Körperbedeckung der Insekten) und schließlich fast alle kristallinen Materialien.

Geeignete Kristallpräparate kann man herstellen durch Eintrocknung von Lösungen, sei es aus Wasser, sei es aus organischen Lösungsmitteln sowie durch Abkühlen von Schmelzen auf dem Objektträger, meist auch unter dem Deckglas. Man kann auch Mischungen von verschiedenen kristallisierenden Präparaten erproben, die Abkühl- oder Trockengeschwindigkeit verändern, den kristallisierenden Stoffen nicht kristallisierende wie Zuckersirup beimischen, erstarrte Schmelzen teilweise wieder verflüssigen und mit veränderter Geschwindigkeit wieder abkühlen und vieles mehr. Schon die Hausapotheke mit ihren vielen Tabletten aus längst vergessenen Krankheitstagen bietet Experimentierstoff für Jahre.

Niemand kann all die Formen- und Farbenphantasie ausschöpfen, die im Polarisationsmikroskop sichtbar wird.

Außer dem Okular sollte man auch das Präparat drehen können, um die ganze Farbenpalette auszuspielen.

Das farblose Tesaband, auf einen Objektträger geklebt und ebenfalls in den Filterhalter gelegt, ergibt einen farbigen Hintergrund, dessen Farbigkeit beim Drehen und mit der Zahl der Filmlagen variiert. Noch leuchtendere Farben erhält man mit papierdünn gespaltenen Glimmerplättchen.

Interferenzkontrast

Dies ist die modernste Lichtführung. Sie beruht auf einer Abwandlung der Beleuchtung im polarisierten Licht. Zusätzlich zu den Polfiltern muß man noch zwei Wollaston-Prismen in den Strahlengang bringen, eines in einem Spezialkondensor und

Bild 15 (rechts, oben). Querschnitt durch den Fruchtknoten einer Gurke (Auflicht). Nach dem Rasierklingenschnitt konnte die Schnittfläche etwas antrocknen, wobei sich die festeren Strukturen reliefartig hervorhoben. Mit streifendem Auflicht wurden die Erhebungen deutlich gemacht.

Bild 16 (rechts, unten). Bakterienrasen in einem Heuaufguß, aufgenommen mit einer Apertur von 0,65 im Phasenkontrast. Die Bakterien haben sich spontan an der Unterseite des Deckglases, nach Arten getrennt, in Reihen angeordnet. Der regelmäßige Abstand dürfte auf unsichtbaren Gallerthüllen beruhen.

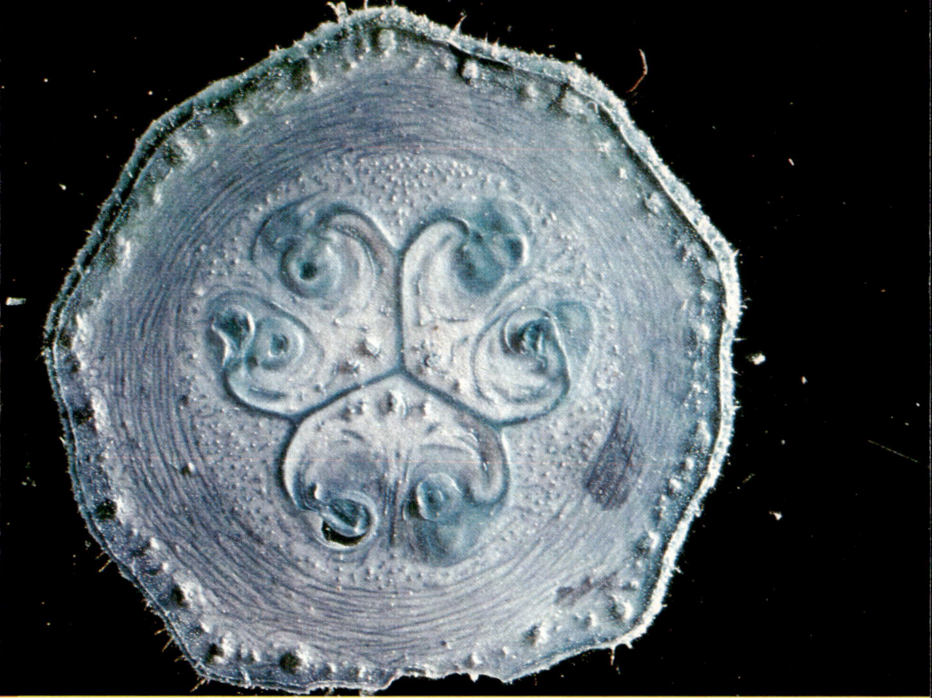

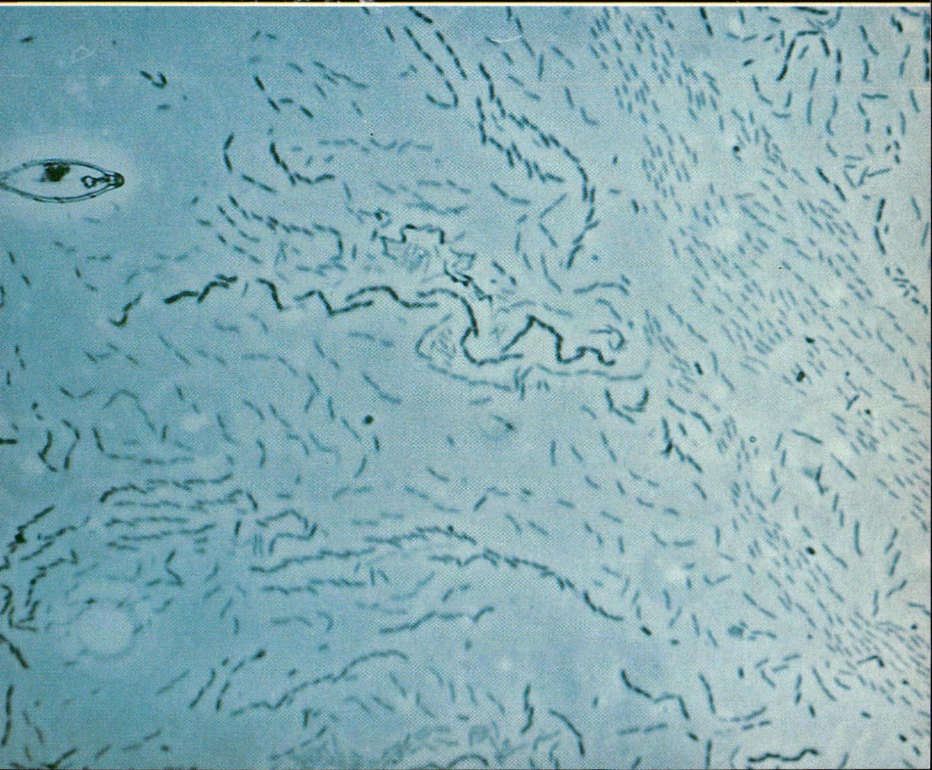

eines in einen Zwischentubus über dem Objektiv. Die Umrüstung ist nur bei sehr teuren Spitzenmikroskopen möglich und kostet ebenfalls einige Tausender.
Im Interferenzkontrast kann man lebende Objekte in einer zarten, farbigen Beleuchtung und mit reliefartig wirkenden Feinstrukturen erkennen. Der Interferenzkontrast ist der Wunschtraum jedes fortgeschrittenen Mikroskopikers.

Was es zu sehen gibt

Bisher war vom Umgang mit dem Mikroskop die Rede. Nun wird zu sprechen sein von dem, was wir bisher ganz anonym als „Objekte" bezeichnet haben. Das Mikroskop erlaubt den Einblick in eine uns fremde Welt, der wir anders nicht begegnen können, von der wir also auch keine fertigen Vorstellungen mitbringen, an denen wir die Formen des Mikrokosmos messen können. Darum wirkt der Mikrokosmos auf unseren Schönheitssinn vor allem durch seine graphischen Form- und Farbenreize, ganz ähnlich wie moderne, gegenstandslose Kunst, von deren Gebilden wir ja auch keine fertigen Vorstellungen mitbringen. Es wäre endlos, die Motive aufzuzählen, die man mit dem Mikroskop beobachten kann. Recht wenig hat dazu die Technik beigetragen, weil sie meist Strukturen hervorbringt, die unseren rohen Sinnen und Händen angepaßt ist. Immerhin, das Innere einer Damenarmbanduhr, die feinste Elektronik der Transistoren und integrierten Schaltungen, die Rillen auf einer Grammophonplatte, das bunte Raster der Farbdrucke und Gewebe, die Oberflächen erstarrter Schmelzen sind unter dem Mikroskop schon sehenswert.
Der große Formgestalter im Mikrokosmos ist aber die Natur. Den größten Artenreichtum entfaltet sie zwar in der Größe der Insekten, also im Lupenmaßstab, doch die Natur erschuf auch all die kleinen „Tierchen", die zwischen 1/100 und einem Millimeter messen und die schon unsere Ur-Urgroßväter mit unstillbarer Wißbegier durch die schnurrigen und noch so unvollkommenen Mikroskope der damaligen Zeit sahen.
Da gibt es Pantoffel- und Glockentierchen, Moostierchen, Bärtierchen, Trompetentierchen, Strudelwürmer, Hüpferlinge und vieles mehr. An die 50 000 Arten von Einzellern dürfte es etwa geben, niemand kann sie alle kennen, ein Menschenleben reicht nicht aus, um auch nur die Mehrzahl davon aufzufinden, und ständig werden neue Arten mit wissenschaftlichen Namen benannt. Unter dem Mikroskop wird der Wassertropfen zum See, in dem die Mikroorganismen noch einige Zeit ihr normales Leben weiterführen. In Brunnen und Moosrasen, in Blumenvasen und Aquarien, in Tümpeln, Weihern und Seen sind sie heimisch, jeder aber nur in der ihm zusagenden speziellen Umwelt.
Viele Einzeller sind Weltbürger, ein Hinweis auf das hohe Alter und die Unverän-

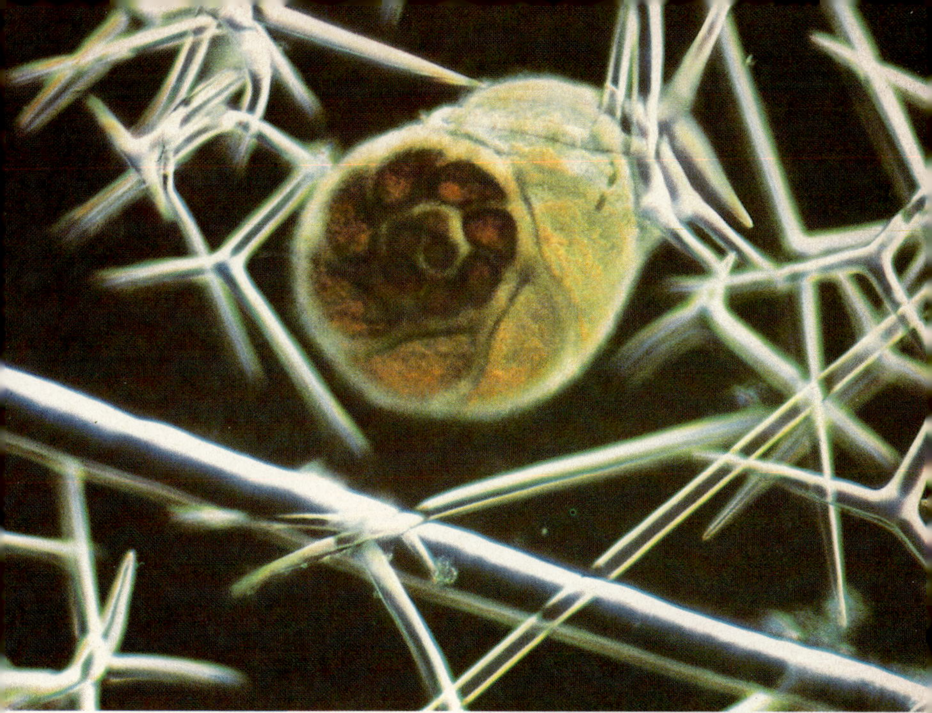

Bild 17 (oben). Foraminifere in Dunkelfeldbeleuchtung. Foraminiferen sind Einzeller der Küstengewässer der Meere. Sie leben in Algenrasen und den obersten Sedimentschichten. Sie fertigen arttypische vielkammerige Gehäuse aus Kalk. Das abgebildete Tier wurde zwischen den Skelettnadeln eines Kalkschwammes aufgenommen.
Bild 18 (rechts). Das Becherbäumchen (*Dinobryon*), eine treibende Alge des Süßwassers, aufgenommen in Phasenkontrastbeleuchtung.

derlichkeit ihrer Art. Viele leben aber sehr verstreut, und manche Arten sind bisher erst einmal beschrieben und dann nie wieder aufgefunden worden. Manche findet man auch nur zu bestimmten Jahreszeiten. Wo es Tiere gibt, gibt es auch Pflanzen wie die einzelligen Algen mit ausdrucksvollen Namen wie Mondalge, Zieralge, Zackenstern, Wassernetz und viele mehr.

Dazu kommen jene Geschöpfe, die zwar selber zu groß sind für das Mikroskop, deren Körperteile aber erst durch seine Optik ihre ganze Schönheit und Zweckmäßigkeit zeigen. Man denke an die Flügel, Augen, Mundteile, Fußspitzen, Giftstachel, Haare und Schuppen der Gliedertiere, an Blüten, Blätter und Knospen der höheren Pflanzen, schließlich auch an unser eigenes Haar und Blut.
Weiter gibt es die Jugendformen von Tier und Pflanze, die Ei- und Samenzellen, die Sporen und die Larven der Meerestiere. Und schließlich die Welt der Kristalle, seien sie nun natürlich gewachsen in Mineralien und Gesteinen oder im Labor synthetisiert.

Heuaufguß

Man nehme eine Handvoll Heu, übergieße es in einem Gefäß mit Wasser und lasse das Ganze einige Tage stehen. Das ist der klassische Heuaufguß. Sehr bald werden die allgegenwärtigen Abschrotter, die Bakterien, sich unter den günstigen Lebensbedingungen vermehren und das Wasser trüben. In dichter Schicht, der Kahmhaut, reichern sie sich an der Oberfläche an. Nun ist es Zeit, Proben der Kahmhaut und des Oberflächenwassers unter dem Mikroskop zu betrachten. Die Bakterien bilden teils formlose Massen, teils taumeln sie in irren Zickzackbahnen durch das Wasser. Ihre Bewegungsorganellen, feinste Geißeln, kann man bei den meisten Arten nicht erkennen, weil sie unter dem Auflösungsvermögen des Mikroskopes liegen. Eigenartigerweise ordnen sich viele Bakterien zu wohlgeordneten Mustern (siehe Bild 14). Es werden sich auch zahlreiche kleine, mehr oder weniger ovale Wimpertierchen (Ciliaten) eingefunden haben, meist nur in einer oder zwei Arten, zeitweise aber in ungeheurer Individuenzahl. Sie sausen wie Autoskooter auf einem Rummelplatz durcheinander, stoßen zusammen, fahren „im Rückwärtsgang" wieder auseinander, drehen sich und sausen in anderer Richtung wieder davon. Die Ciliaten wurden in Form von trockenheitsresistenten sogenannten Zysten teils mit dem Heu, teils auch mit dem Staub der Luft eingeschleppt. Wenn wir den Heuaufguß langsam eintrocknen lassen, werden sich die letzten Überlebenden wieder enzystieren. Sie bleiben dann für einige Wochen oder Monate keimfähig, und wenn sie bis dahin wieder in Wasser kommen, so können sie Stammväter neuer Ciliatenheere werden.
Wenn wir unser Präparat einige Minuten unter dem Mikroskop betrachten, wird Wasser verdunsten, der Spalt zwischen Deckglas und Objektträger wird immer enger. Schließlich werden die Ciliaten eingeklemmt und plattgedrückt. Jetzt können wir sie am besten beobachten. Wir können die schiefe Beleuchtung einsetzen oder den Phasenkontrast. Wir werden die wie winzige Ruder schlagenden Wimpern sehen, die der ganzen Verwandtschaft den Namen gegeben haben. Ein Kranz beson-

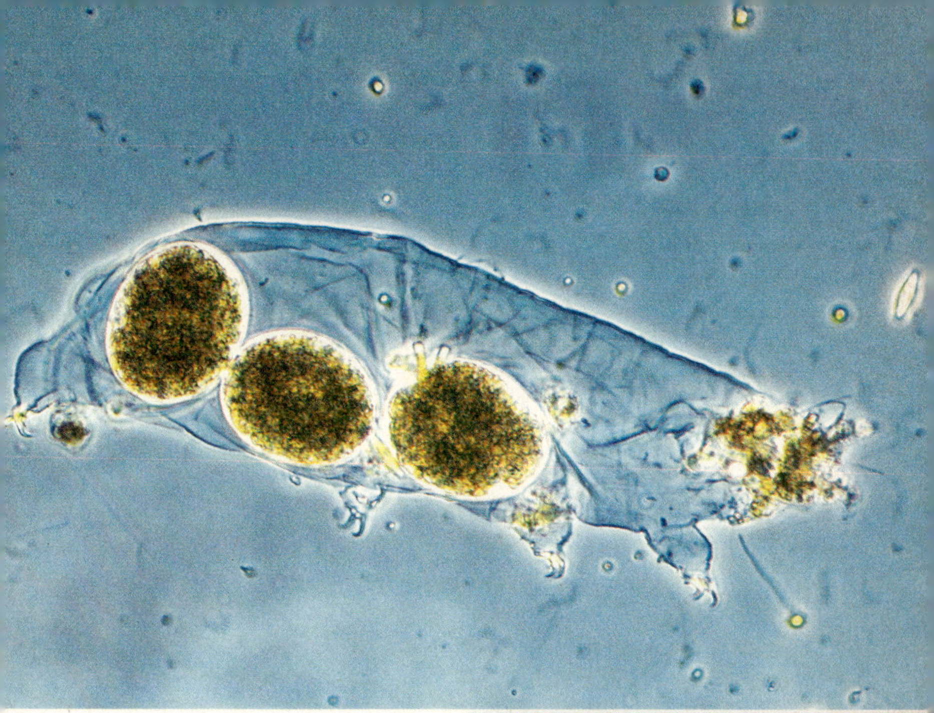

Bild 19 (oben). Eier eines Bärtierchens, aufgenommen in Phasenkontrastbeleuchtung. Die Bärtierchen kriechen und klettern in Algenwatten und zwischen verrottenden Blättern am Bodengrund. Ihre Eier legen sie in die bei ihren Häutungen zurückbleibende Hülle.

Bild 20 (rechts). Zwei „verliebte" Wimpertierchen, aufgenommen in Phasenkontrastbeleuchtung. Auch bei den Einzellern gibt es geschlechtliche Vorgänge, bei denen zwei Individuen vorübergehend verschmelzen. Durch ausgedehntes „Paarschwimmen" bringen sich viele Wimpertiere vor der Verschmelzung in den gleichen Rhythmus.

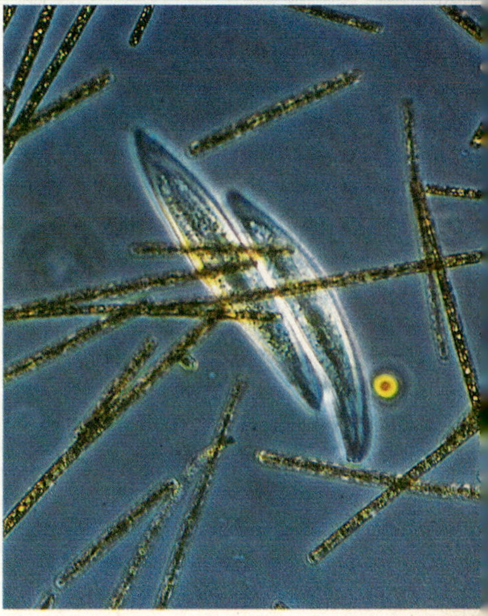

ders langer Wimpern umsteht den Zellmund. Das Zellinnere ist mit feinsten Körnern erfüllt, deren Feinstruktur sich allerdings erst unter dem Elektronenmikroskop enthüllt. Daneben liegen größere Blasen verschiedener Funktion: Eine ist der Zellkern, andere enthalten und verdauen die eingestrudelten Bakterien (Nahrungsvakuolen), einige sind schließ-

lich in pulsierendem An- und Abschwellen (pulsierende Vakuolen). Die pulsierenden Vakuolen haben bei den Einzellern die Aufgabe, das ständig in den Körper eindringende Wasser wieder nach draußen zu befördern, eine Aufgabe, die bei den Wirbeltieren von den Nieren erfüllt wird.
In alten Heuaufgüssen können auch Amöben auftreten, form- und farblose Plasmaklümpchen, die mit halb rollender, halb fließender, mit Worten kaum zu beschreibender Bewegung in der Kahmhaut umhergleiten, Bakterienklumpen umfließen und als Nahrung in ihren Körper aufnehmen. Insgesamt ist es aber eine recht artenarme und etwas langweilige Gesellschaft, die wir in unseren Heuaufgüssen züchten. Wir können aber auch einen Aufguß mit Fallaub, Gras oder Moosklumpen ansetzen und treffen dann vielleicht andere, interessantere Arten an.

Fundortwasser-Kultur

Ergiebiger als ein Heuaufguß ist eine Fundortwasser-Kultur. Wir holen, unabhängig von der Jahreszeit, etwas vom Bodengrund und einige Pflanzen aus einem beliebigen Gewässer und stellen das Ganze zur weiteren Beobachtung auf. In diesem Mikroaquarium werden wir gleich zu Beginn einige Mikroorganismen antreffen. Für eine grobe Durchmusterung des Wassers ist übrigens eine starke Lupe, etwa mit 10facher Vergrößerung, sehr nützlich. Fast alles, was sich unter dem Mikroskop zu betrachten und beobachten lohnt, ist schon jetzt wenigstens als Pünktchen zu sehen. Die Wasserpflanzen durchmustern wir besonders genau nach Aufsitzern, auch die dem Licht zugewandten und die vom Licht abgewandten Ecken des Beckens. Einige Mikroorganismen, vor allem natürlich die lichthungrigen Algen, streben zum Licht, andere Bewohner wiederum suchen die Dunkelheit. Mit einer Pipette tauchen wir in das Gewimmel und bringen einen Tropfen auf den Objektträger.
Schwierig und oft unmöglich ist es, einen ganz bestimmten Bewohner herauszufangen: Die Pipette erzeugt beim Eintauchen Wasserwirbel, die ihn davonreißen, in den Haaren eines feinen Pinsels kann es sich unlösbar verfangen, und wenn er gar an der Glaswand festsitzt, beschädigen wir ihn sehr leicht bei dem Versuch, ihn mit einem Pinsel abzulösen. Am ehesten gelingt das Geduldspiel noch mit einem kleinen Löffel. Das weitere Schicksal einer Fundortwasser-Kultur läßt sich nur in gröbsten Zügen voraussagen: Einige der Bewohner sterben recht bald ab. Andere, die uns vorher nicht aufgefallen waren, werden häufiger, vielleicht bis zur Massenentfaltung. Später werden aber auch sie verschwinden und einer dritten Generation Platz machen. Alles in allem freilich wird das Artenspektrum immer ärmer und eintöniger werden, je länger wir die Probe stehenlassen.
Was aber im einzelnen passiert, hängt von vielen Faktoren ab: Wo und wann wir die Probe geschöpft haben, ob wir sie hell oder dunkel, warm oder kalt aufstellen,

ob sie viel oder wenig organisches Material enthält und natürlich auch davon, was für Organismen uns der Zufall in die Probe gespielt hat.

Wir können unsere Mikroorganismen übrigens auch füttern, indem wir z. B. ab und zu einen Tropfen Milch in das Wasser einrühren. Klärt sich das Wasser nach einigen Tagen wieder, wissen wir, daß die Bewohner alles aufgegessen haben.

Bild 21 (rechts). Das Zackenrädchen (*Pediastrum*), eine Grünalge aus dem Süßwasserplankton in Phasenkontrastbeleuchtung.

Bild 22 (unten). Skelettiertes Blatt in Rheinbergbeleuchtung. In das Wasser gefallenes Laub wird von Mikroorganismen, vor allem von Muschelkrebschen, verzehrt. Dabei bleiben anfangs die Blattrippen noch erhalten.

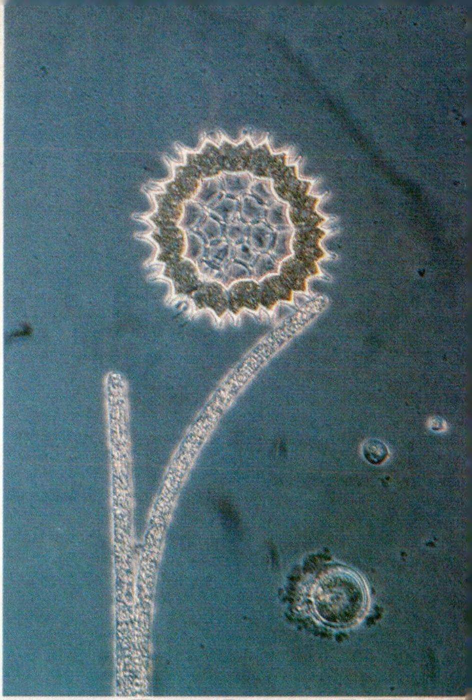

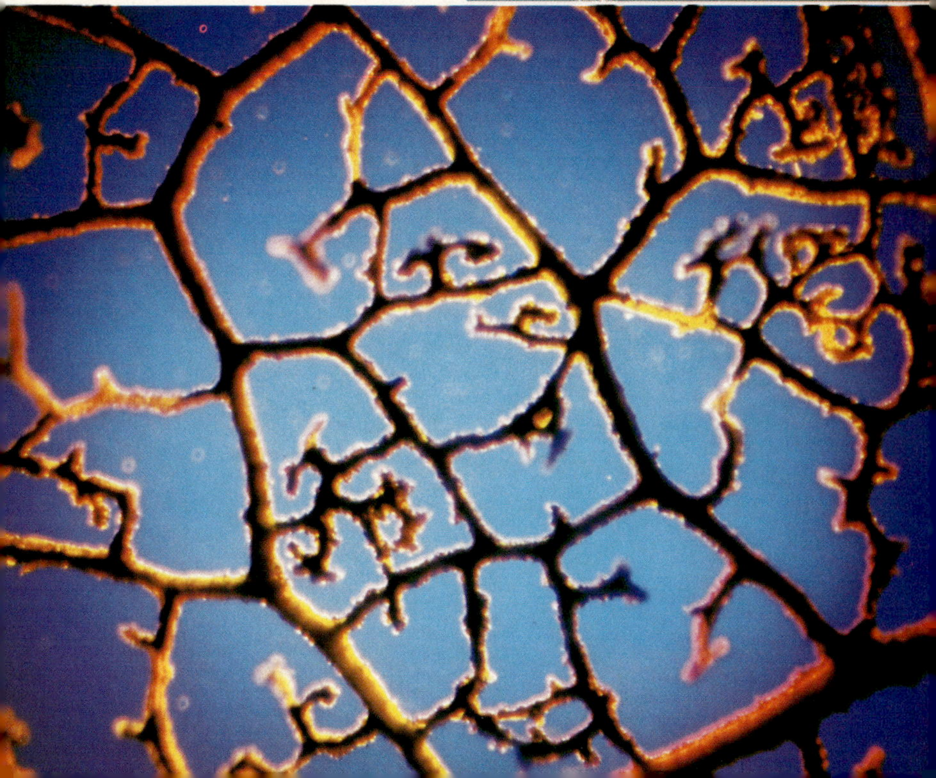

Durch die Fütterung fördert man vor allem die Massenentfaltung der Proleten unter den Mikroorganismen.
Die Aufsitzer, die sich in einer Fundortwasser-Kultur entwickeln, bekommt man manchmal besonders rein unter das Mikroskop, wenn man einen Objektträger in das Becken stellt und ihn, wenn er nach einigen Tagen besiedelt ist, unter das Mikroskop legt. Dazu muß man allerdings die eine Seite reinigen und trocknen und auf die feuchte Seite ein Deckglas legen. Wer einen „Hausweiher" hat, kann auch dort seine Objektträger auslegen.
Recht ergiebig kann auch abgekratzter Aufwuchs der Beckenwände sein.
Den Fundortwasser-Kulturen ähnlich sind normale Aquarien. Sie enthalten meist eine recht arme Mikrofauna und Mikroflora. Aber sie können auch für eine Überraschung gut sein. Vor allem das beim Ausquetschen der Filterwatte ablaufende Wasser kann eine Fundgrube sein.

Planktonproben

Das Wort Plankton stammt aus dem Griechischen und bedeutet ins Deutsche übertragen etwa „das Schwebende". Man faßt unter diesem Begriff alle Organismen zusammen, die, von den Strömungen verfrachtet, im freien Wasser leben, von den kleinsten Mikroorganismen bis zu kolossalen Quallen. Die „Plankter" des Süßwassers sind höchstens zentimetergroß und damit dankbare Objekte für die mikroskopische Betrachtung. Losgelöst vom Seegrund haben sie sich zum Schönsten entwikkelt, was man unter dem Mikroskop betrachten kann. Sie haben bis heute auch nüchterne Wissenschaftler zum Schwärmen gebracht. Dabei sind sie durchaus keine Luxusbildungen der Natur, sondern ganz rationell den Besonderheiten ihres Lebensraumes angepaßt.
Planktonproben schöpft man am besten mit einem Netz aus dem Wasser. Dabei spielt die Größe des Gewässers keine Rolle: Eine bald austrocknende Pfütze beherbergt ebenso Plankton wie die Hochsee.
Das Planktonnetz sollte etwa eimergroß sein, damit man in kurzer Zeit viel Wasser durchseihen kann. Der beste feinmaschige Stoff für ein Planktonnetz ist Müllergaze, die man allerdings wahrscheinlich nur noch in ganz wenigen Mühlen bekommen kann, aber die feinsten Perlonstoffe aus dem Gardinengeschäft genügen ebenfalls. In einem Netz mit gröberen Maschen filtriert man schneller, erhält aber nur die größeren und dann meist auch selteneren Plankter. Das Netz sollte die Form einer spitzen Tüte haben. Entlang der Naht sollte der Stoff mehrfach umgeschlagen sein, damit ein Teil der Plankter nicht durch die Gewebelücken zwischen den Nadelstichen entkommen kann. In die Spitze der Stofftüte arbeitet man ein Gefäß aus durchsichtigem Kunststoff ein, ein Zahnputzglas oder dergleichen. In den Rand des Gefäßes

Bild 23 (rechts). Planktonnetz. (Aus Stehli, Mikroskopie für Jedermann)

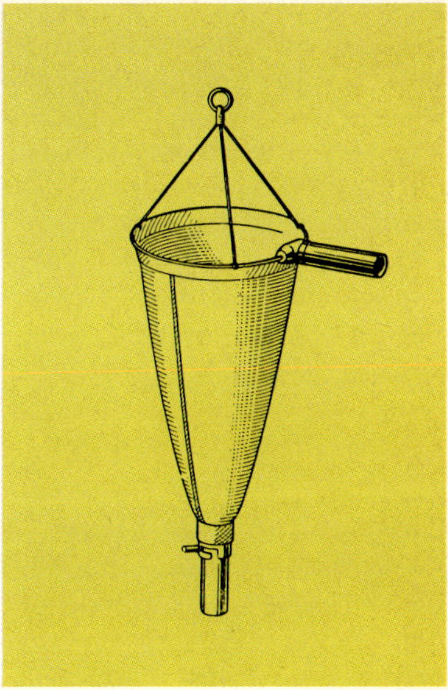

feilt man vorsichtig eine Nut, bindet die Öffnung des Netzes darüber fest und dichtet den Rand noch mit Alleskleber ab. Das Netz kann man ganz einfach mit Heftzwecken in die Öffnung eines ausgedienten Federball- oder Tennisschlägers, von dem man die Bespannung entfernt hat, befestigen. Mit einem solchen Planktonnetz schöpft man nun vom Ufer, von einem Bootssteg oder noch besser von einem Boot aus Wasserproben, läßt das Wasser ablaufen, indem man das Netz aus dem Wasser hebt, schöpft erneut und so fort, bis ein Gewimmel im Auffanggefäß anzeigt, daß man genug gefangen hat.
Bequemer ist es, ein fertiges Planktonnetz zu kaufen (Bezugsquellen z. B. Kosmos-Service, Stuttgart).
Man kann Planktonnetze an einer Schnur hinter einem Boot herziehen. Man kann sie auch auf den Seegrund hinablassen und wieder hochziehen. Auf diese Weise erhält man Plankter der tieferen Wasserschichten.
Planktische Algen halten sich fast immer in den obersten, lichtdurchfluteten Wasserschichten auf. Die meisten Tiere aber lassen sich bei Sonnenaufgang in tiefere Wasserschichten absinken und steigen erst in der Abenddämmerung wieder in die schwebenden Wiesen an der Oberfläche auf, um Algen zu „weiden". Ebenso verhält sich das Meeresplankton. Man weiß nicht, ob die meist pigmentlosen Geschöpfe die Sonne nicht vertragen, oder ob sie sich tagsüber in den Schutz der dämmrigen Tiefe vor Freßfeinden zurückziehen. Jedenfalls ist der nächtliche Planktonfang viel ergiebiger als der Tagesfang. Auch an sehr bewölkten Tagen sind die Fänge ergiebiger.
Planktonorganismen sterben meist rasch ab, wenn sich ihre Umwelt verändert. Darum sollte man die Fänge möglichst rasch und in möglichst viel Fundortwasser nach Hause bringen – wenn man nicht gleich am Fundort mikroskopiert. Besonders gefährlich ist eine Erwärmung des Wassers. Es ist darum kein Luxus, an warmen Sommertagen die Proben in einer Thermosflasche zu transportieren. Man mache die Sammelgefäße nur halbvoll, damit ein Luftraum für den Gasaustausch erhalten

bleibt. Auch heftige Erschütterungen können empfindliche Organismen töten. Zu Hause stellt man die Proben möglichst kühl, am besten in den Kühlschrank.
Zum Transport und zur Aufbewahrung sollten die Proben möglichst verdünnt sein, vor dem Mikroskopieren muß man sie dann konzentrieren. Dazu gießt man sie zunächst einmal durch das Planktonnetz. In einem zweiten Schritt kann man den Inhalt einer Pipette in wenigen Tropfen Wasser konzentrieren, indem man die Pipettenfüllung durch ein Stück waagrecht gehaltenes Planktonnetz durchtropfen läßt. Den letzten Tropfen, der dann alle zurückgehaltenen Organismen enthält, zieht man dann wieder in die Pipette auf und überträgt ihn auf den Objektträger.
Manche Planktonorganismen sind so groß, daß sie unter einem Deckglas zerquetscht würden. Diese Organismen bringt man in einen Hohlschliffobjektträger, füllt reichlich Wasser auf und schiebt von der Seite ein Deckglas über die Mulde. Dabei soll keine Blase mit eingeschlossen werden, was nach einiger Übung, vor allem bei der Dosierung der Wassermenge, auch gelingen wird.
Die Planktonbevölkerung eines Gewässers ändert sich mit der Jahreszeit, von Gewässer zu Gewässer und sogar innerhalb eines Gewässers. In der Summe ist sie die formenreichste Lebensgemeinschaft des Mikrokosmos.

Die Quetschpräparation

Die meisten Mikroorganismen sind so beweglich, daß man sie nicht in Ruhe betrachten kann. Es gibt nun verschiedene Methoden, um sie festzulegen. Am einfachsten ist es, einige Minuten zu warten, bis das Wasser so weit verdunstet ist, daß das Deckglas die größten Organismen einklemmt. Das ist der beste Augenblick für die Beobachtung: Alle Organe sind noch in voller Funktion, der Körperumriß ist normal. Wenig später erscheint die Kontur bereits gerundet, die Bewegungen werden langsamer. Wenn wir nun eine Aufschlämmung von Karminkörnern an den Deckglasrand geben und mit etwas saugfähigem Papier von der Gegenseite her unter das Deckglas saugen, können wir sehr schön die Wasserströme beobachten, die von den Cilien, Geißeln, Membranen und Ruderbeinen der Gefangenen erzeugt werden. In Dunkelfeldbeleuchtung können wir diese Strömungen auch mit einer Belichtungszeit von rund einer Sekunde fotografieren, wobei jedes strömende Teilchen eine helle Bahn vor dem dunklen Hintergrund zeichnet.
Bei stärker werdender Quetschung sind die Strukturen im Körperinneren optimal zu beobachten, oft sogar übersichtlich nebeneinander gebreitet. Zerbrechliche Geschöpfe wie die Rädertiere gehen sehr bald zu Bruch, wenig später platzen auch die etwas schmiegsameren Wimpertiere. Erst die gummiartigen Amöben lassen sich sehr weitgehend quetschen. Gerade solche dünnste Quetschungen sind ideale Objekte für die Mikroskopie im Phasenkontrast.

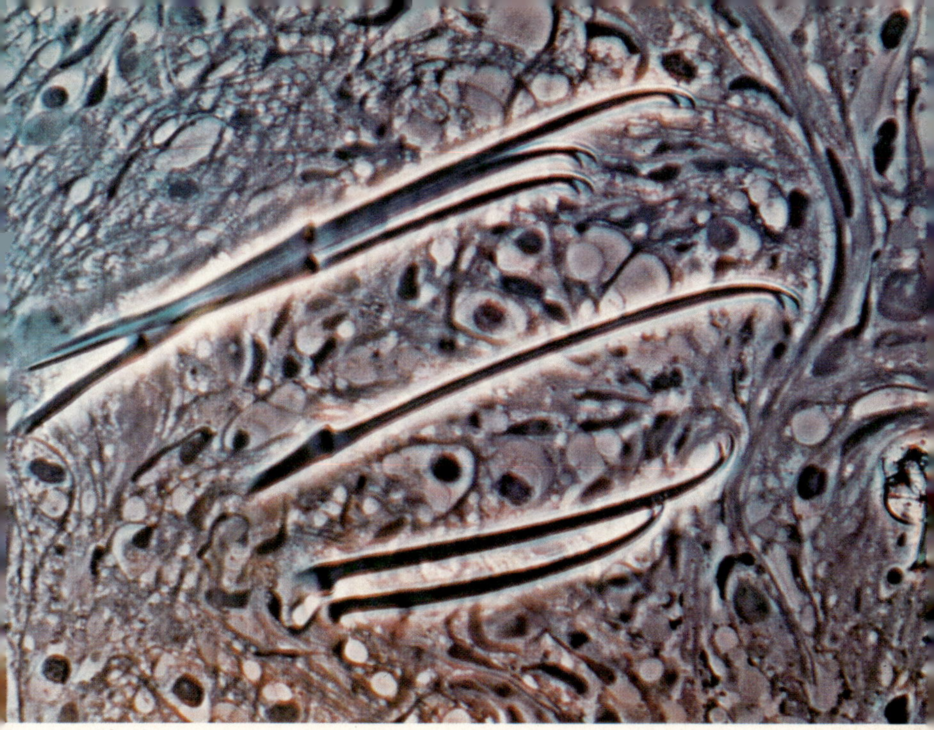

Bild 24. Borsten eines Regenwurms im Phasenkontrast. Beispiel für eine Quetschpräparation

Wenig später merkt man, wie rasend schnell die Austrocknung im Mikromaßstab vor sich geht: Luftblasen drängen sich von allen Seiten unter das Deckglas, schieben Algen und Tiere vor sich her, kesseln sie in Wasserresten ein und drängen sie zusammen. Wenn es einmal so weit ist, können wir die Beobachtung abbrechen.

Um die Austrocknung zu unterbrechen, genügt es, einen Wassertropfen an den Deckglasrand zu setzen. Sofort wird er eingesaugt, oft mit solcher Gewalt, daß er das Probegut fortreißt, und wir es erst nach langem Suchen an einer ganz anderen Stelle unter dem Deckglas wiederfinden. Tiere, die in den Wassersaum rund um das Deckglas entweichen, sind für die Beobachtung so gut wie verloren.

Manchmal kann man durch vorsichtige Wasserzugabe das Probegut auch sortieren: Während die größeren Teile noch eingeklemmt sind, werden die kleineren schon fortgespült. Mit etwas Übung und Geduld kann man so die unerwünschten Kleinteile wegspülen. Das ist vor allem bei der Vorbereitung zur Mikrofotografie oft erwünscht. Beim Mikroskopieren lernt man bald, die fast allgegenwärtigen Schmutzteilchen nicht mehr zu sehen, auch dabei „zaubert" unser Gehirn. Das Mikrofoto jedoch zeichnet unerbittlich alles auf.

Eine weitere Möglichkeit, rasende Schwimmer in ihrer Bewegungsfreiheit einzuengen, ist die Anwendung von Salzen oder anderen Chemikalien (auch das Abgeschabte einer Kopierstiftmine – Kristallviolett – eignet sich). Diese Stoffe streut man rings um den Rand des Deckglases. Sie lösen sich langsam auf und breiten sich aus. Die Mikroorganismen aber meiden Orte mit hoher Fremdstoffkonzentration. Sie werden also nach und nach in der Mitte unter dem Deckglas zusammengedrängt, schließlich von den Chemikalien überrollt und getötet.

Die feuchte Kammer

Ein mikroskopisches Präparat ist, wie eben gezeigt, für seine Insassen ein sehr vergänglicher Lebensraum. Will man die Tiere und Pflanzen darin längere Zeit am Leben erhalten, so muß man die Verdunstung stoppen und gleichzeitig den Gasaustausch, also Abgabe von Kohlensäure und Aufnahme von Sauerstoff, weiterlaufen lassen. In den kleinsten Dimensionen ist das im hängenden Tropfen möglich: Man setzt dazu einen sehr kleinen Tropfen mit dem Probegut, also etwa einem Einzeller, dessen Zellteilung man verfolgen will, oder eine Eizelle, die sich zum Embryo entwickeln soll, auf ein Deckglas, dreht es um und legt es über die Höhlung eines Hohlschliffobjektträgers. Der Tropfen darf aber nicht so groß sein, daß er beim Umwenden herunterläuft. Nun dichtet man noch den Rand des Deckglases mit einem weiteren Wassertropfen ab, und das Präparat ist fertig. Das Wasser hält sich nun tagelang, und wahrscheinlich auch das Leben im hängenden Tropfen.
Größere Feuchtkammern kann man aus durchbohrten Plexiglasscheiben herstellen, die man auf einen Objektträger aus Plexiglas aufklebt.
Noch größere Proben kann man in einem Tropfen am Leben halten, der auf einem Objektträger oder Hohlschliffobjektträger in einer feuchten Kammer liegt. Man legt dazu den Objektträger in ein Gefäß, das mit feuchtem Papier ausgelegt ist, und verschließt gut. In einer solchen Kammer ist die Luft bald mit Wasserdampf gesättigt, nimmt also kein Wasser mehr auf. Damit ist die Verdunstung des Probetropfens gestoppt. Will man die Fortschritte in der Probe sehen, so nimmt man sie aus der feuchten Kammer und bringt sie offen unter das Mikroskop. Ohne Deckglas kommt allerdings die Flüssigkeit schon bei der geringsten Erschütterung in Schwingungen. Wer in der Stadt wohnt, wird den Autoverkehr als Dauererdbeben drastisch zu sehen bekommen.

Der Blutkreislauf der Kaulquappe

Vielleicht das aufregendste aller mikroskopischen Erlebnisse ist die Beobachtung des Blutkreislaufes bei Lurchen und Fischen. Das ist ein Schauspiel, das zumindest mich immer wieder tief ergreift, obwohl ich es schon oft gesehen habe.

Man muß nur eine Larve vom Frosch oder Molch oder ein Fischchen auf einen Objektträger legen und die durchscheinenden Teile des Schwanzes – bei den Molchlarven auch die Kiemen oder Beine – mit schwacher Vergrößerung betrachten. Der Tragkraft des Wassers beraubt, können sich die noch kraftlosen Larven auf dem Objektträger nicht fortbewegen oder gar erheben. Einige Minuten halten sie es auch an der Luft aus, ehe der Herzschlag matter wird. Aber so weit sollten wir es nicht kommen lassen und die Tiere, denen wir eine so interessante Beobachtung zu danken haben, wieder ins Wasser zurückgeben. Das Bild unter dem Mikroskop erinnert an die Vogelschau auf eine von dichtem Verkehr belebte Straßenlandschaft. Es gibt auch bei den Aderstraßen Verzweigungen, Einmündungen und jede Menge Zusammenstöße, die den gummiweichen Blutkörperchen natürlich nicht schaden. In den Arterien, die vom Herzen kommen, bewirkt jeder Herzschlag einen Stoßverkehr. Durch die dünnsten Kapillaren schlüpfen die Zellen im Gänsemarsch, in den Venen strömen sie in ruhigem Fluß zum Herzen zurück. Stauungen kommen vor, wenn zwei zugleich in eine dafür zu enge Ader drängen; hat sich aber erst eine durchgezwängt, so löst sich der Stau wieder auf. Auch Sackgassen kommen vor mit stehendem Verkehr.
Das ist das lebenslang andauernde Naturschauspiel des Blutkreislaufs.

Mit dem Mikroskop am Meer

Mikroskopieren ist vor allem ein Hobby für lange Winterabende, für verregnete Wochenenden – kurz für zuhause. Damit ist aber nicht gesagt, daß man das Mikroskop nicht auch mit auf Reisen nehmen kann. Vor allem am Meer ist für den Mikroskopiker der Urlaub immer wieder viel zu kurz.
An die ungünstigeren Umstände auf Reisen kann man sich gewöhnen: Auch der wackeligste Campingtisch steht still genug, wenn man nicht an ihn anstößt. Ist man gewöhnt, mit einer Mikroskopierleuchte zu arbeiten, so kann man den Strom auch aus dem Autoakku beziehen. Eine 12-Volt-Leuchte kann man direkt anschließen, für andere Leuchten braucht man einen Spannungswandler. Der Elektrofachhandel, zum Teil auch der Autofachhandel, bieten Spannungswandler an, die aus 12 Volt Gleichstrom 220 Volt Wechselstrom machen. Auch für die Umwandlung von 12 Volt in 6 Volt gibt es Spannungswandler.
Motive gibt es am Meer mehr als genug. Das fängt schon mit dem Sand an. Unter dem Mikroskop ist er kein Grus aus Gesteinstrümmern, sondern er ist untermischt mit Muschelbruch, zertrümmerten Schneckenhäusern, Resten von Kalkröhrenwürmern, Moostierchenkolonien, Korallen und den formenreichen Gehäusen der Foraminiferen.
Das Meeresplankton enthält nicht nur Algen mit bizarren Schwebeborsten und

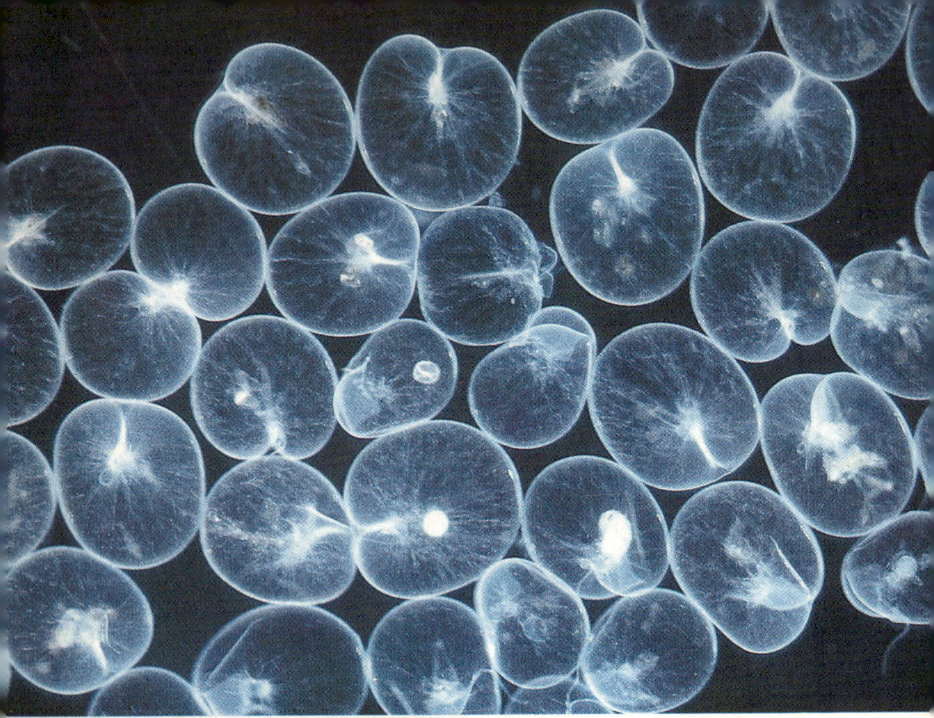

Bild 25 (oben). Meeresleuchttierchen (*Noctiluca*) in Dunkelfeldbeleuchtung. *Noctiluca* ist leichter als Meerwasser und schwimmt daher an der Wasseroberfläche. In Erregung senden die Tiere starke Lichtblitze aus.

Bild 26 (links). Larve des Gemeinen Kraken (*Octopus vulgaris*), aufgenommen in Dunkelfeldbeleuchtung. Während die erwachsenen Kraken am Meeresboden leben, treiben die durchsichtigen Larven einige Zeit im freien Wasser. Der Farbstoff in ihren Pigmentzellen ballt sich je nach der Stimmung des Tieres zusammen oder breitet sich in der ganzen Zelle aus.

Bild 27 (rechts). Kristalle aus Cyclohexylbutylsäure, aufgenommen in polarisiertem Licht. Spuren von Verunreinigungen haben bewirkt, daß nicht Kristalle mit geraden Kanten, sondern gewundene Formen entstanden sind.

diversere Kleinkrebse, sondern darüber hinaus die Jugendformen fast aller Meerestiere. Da treiben Seeigeleier, Larven von Borstenwürmern und Schlangensternen, Muscheln und Schnecken, Fischeier und eben geborene Fischbabys.

Mikroskopisch klein sind die Bewohner des Sandlückensystems. Man findet sie, indem man dicht über der Wasserlinie Löcher in den Sand gräbt – hier kann ja die ganze Familie mitmachen –, dann schöpft man das Wasser, das in den Löchern zusammenläuft, ab und läßt die grobe Trübe absetzen. Den Überstand gießt man durch das Planktonnetz und bringt dann die Fänge unter das Mikroskop.
Auch die Organe der für das Mikroskop zu großen Meerestiere, die Borsten der Meeresborstenwürmer, die Mundgliedmaßen der Krebse, Kiemen, Stacheln und vieles mehr sind äußerst sehenswert.

Schneeflocken unter dem Mikroskop

Nicht nur Lebendiges, auch Unbelebtes und nicht mehr Lebendes kann Gegenstand der Mikroskopie als Hobby sein. Schneeflocken beispielsweise sind überaus zierliche und vielgestaltige Gebilde. Ihnen allen ist eine sechsstrahlige Symmetrie gemeinsam, es gibt aber keine zwei Schneekristalle, die sich völlig gleichen.
Die großen „Watteflocken", die langsam fallen und Weihnachtsstimmung verbreiten, sind zum Mikroskopieren ebensowenig geeignet wie der leise, dichte Schneefall,

auf den die Skiläufer warten. Wenn es jedoch nur ganz leise schneit und der blaue Himmel vielleicht schon wieder durch die Schneewolken scheint, dann fallen die schönen Kristalle, die am Boden durch ihr starkes Glitzern besonders auffallen. Im Flachland werden es nur wenige Stunden im Jahr sein, in denen guter „Mikroskopierschnee" fällt. Dann darf man nicht zögern, denn Schneekristalle sind vergängliche Gebilde: nach Minuten, spätestens aber nach Stunden ist ihre Pracht dahin, auch wenn es noch so kalt draußen ist.

Wer sein Mikroskop im Freien – aber vor Schnee geschützt – aufstellen kann, also etwa auf der Veranda, in der Garage oder notfalls im Auto, der kann die Schneekristalle gleich im Freien beobachten. Er muß nur das Mikroskop schon Stunden vor dem Schneefall zum Abkühlen ins Kalte stellen und sollte beim Beobachten Handschuhe tragen, damit nicht schon die Wärmestrahlung seiner Hände die zarten Flocken anschmilzt. Auch der Atemhauch zerstört in Sekunden die Pracht, viel mehr noch die Wärmestrahlung der Mikroskopierlampe. Am besten betrachtet man die Schneekristalle mit dem Beleuchtungsspiegel und dem Himmelslicht.

Man fängt ein paar fallende Flocken auf einem ebenfalls vorgekühlten Objektträger auf und betrachtet bei schwacher Vergrößerung, mit oder ohne Deckglas. Alle Beleuchtungstechniken geben interessante Bilder. Man kann auch einen „Abklatsch" der noch wachsenden Schneedecke mit dem Objektträger machen, es bleiben genügend Kristalle hängen, frische und auch schon vergehende.

Wer aber weniger wetterhart ist, muß nicht auf die Beobachtung von Schneekristallen verzichten. Er kann Abgüsse von ihnen herstellen, die eine unbegrenzte Lebensdauer haben. Das Vorgehen ist einfach: Man begießt eine Glasplatte mit einem schnelltrocknenden, farblosen Lack, läßt ihn auf Temperaturen unter dem Gefrierpunkt abkühlen und fängt dann einige Schneflocken in dem noch flüssigen Lack auf. Sie werden eingebettet, und wenn der Lack erstarrt ist, so bewahrt er einen formgetreuen Abguß der Schneeflocke. Meist ist die Beschreibung eines Verfahrens komplizierter als die Wirklichkeit, hier ist es leider umgekehrt: Die meisten Schneeflocken kommen mit anderen zu einem „chaotischen Verhau" verbacken auf dem Objektträger an und geben kein brauchbares Bild. Andere landen schief und können später nicht mehr über die ganze Fläche scharf gesehen werden. Die meisten Kristalle wurden gleich als Krüppel geboren. Man kann etwas Ordnung in das Gewirr bringen, wenn man einzelne schöne Kristalle dahin legt, wo man sie haben will. Hierzu läßt man den Schnee zunächst auf einen Bogen schwarzes Papier fallen, durchmustert mit der Lupe und berührt die gut gewachsenen Kristalle mit einem angespitzten Holzstäbchen, an dem sie meist kleben bleiben. So kann man sie dann in den Lack überführen. Notfalls muß man auch die Spitze des Holzstäbchens mit etwas Lack befeuchten. Als farbloser Lack hat sich eine 1%ige Lösung von Polystyrol in Chloroform bewährt. Polystyrol ist der Grundstoff für Styropor und vielerlei billige Haushaltsgegenstände. Eine Variante ist das Einbetten in einen schnellhär-

Bild 28. Schneekristall nach dem Abdruckverfahren in Polystyrol, aufgenommen in Rheinbergbeleuchtung.

tenden Zweikomponentenkleber wie Technikoll B. Der Kleber erstarrt ohne Formschwund nach etwa 20 Minuten. In ihm kann man die Flocken „versenken“ und erhält dann einen kompletten Abguß.

Das Lackabdruckverfahren

Bei diesem Verfahren betrachtet man nicht das Objekt, das meist undurchsichtig oder zu dick ist, sondern einen Lackabdruck seiner Oberfläche. Auf diese Weise kann man Undurchsichtiges wie die Oberflächen von Insekten, Blättern und Geweben auch im Durchlicht betrachten. Man bestreicht einen Objektträger gleichmäßig mit einem Alleskleber (auch der Plexiglasspezialkleber Acrifix eignet sich hierfür gut) und wartet dann, bis er nicht mehr klebt (Handrückenprobe, wie man sie vom Umgang mit Gummilösung kennt). Dann drückt man das Probegut in den noch weichen, aber nicht mehr klebrigen Lack und wartet, bis er völlig ausgehärtet ist. Das dauert meist etwas länger als einen Tag. Dann zieht man das Objekt ab, notfalls muß man es etwas befeuchten. Damit ist der Negativabdruck der Oberfläche fertig zum Mikroskopieren.

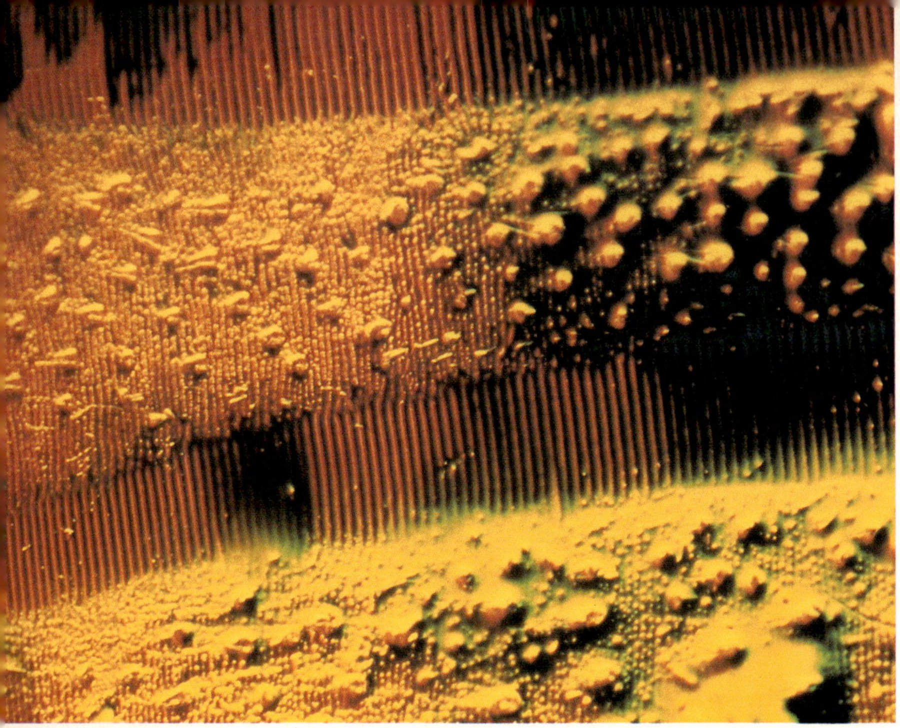

Ist die Probe nicht ausreichend eben, so kann eine Variante dieser Methode mehr Erfolg bringen: Man bestreicht die Probe mit dem Alleskleber, läßt antrocknen und zieht dann die noch elastische Lackhaut von der Oberfläche ab (notfalls erst nach ausgiebigem Einweichen). Nun kann man die Lackhaut, die Abdruckseite nach außen, auf einem Objektträger ausbreiten und betrachten. Bei diesem Verfahren kann man auch mit der Polystyrollösung in Chloroform experimentieren. Dafür sollte die Lösung aber konzentriert und von etwa honigartiger Zähigkeit sein. Soweit man nicht, was allerdings auch ohne weiteres möglich ist, mit farbigen Lacken arbeitet, sind die Abdruckpräparate farblos und glasklar. Bei voll geöffneter Kondensorblende sind sie im Mikroskop beinahe unsichtbar. Erst beim Abblenden, bei schiefer Beleuchtung oder im Rheinberglicht kommen die Unebenheiten der Oberfläche plastisch zur Wirkung.

Experimente mit splitterharten Lacken

Dieses Mal sind die Lacke selbst das Untersuchungsobjekt. Man nützt dabei ihre Eigenschaft aus, unter übergroßer Spannung zu zersplittern, so daß interessante Sprungmuster entstehen. Die Entwicklung solcher Sprungmuster läßt sich unter

Bild 29 (links). Uhu-Abdruck von den Schrilleisten eines Totengräbers in Rheinbergbeleuchtung. So vielfältig die Musikleistungen der Insekten auch sind, so werden sie doch fast stets allein nach dem „Waschbrettprinzip" erzeugt: Ein Dorn wird über eine gerillte Fläche gezogen.
Bild 30 (oben, links). Auf dem Objektträger zersplitterte Lackschicht in Rheinbergbeleuchtung.
Bild 31 (oben, rechts). Auf dem Objektträger ausgestrichenes Hühnereiweiß ist zu eigenartigen Schollen zersprungen. Aufnahme in Phasenkontrastbeleuchtung.

dem Mikroskop verfolgen. Man benötigt dazu einen mit Hühnereiweiß bestrichenen und anschließend getrockneten Objektträger und einen splitterhart werdenden Lack, zum Beispiel Schellack oder zu Lackkonsistenz mit Toluol verdünnten Kanadabalsam der Qualität „splitterhart", der als Mikroskopierzubehör im Handel ist. Man bestreicht den mit Eiweiß präparierten Objektträger mit dem Lack und läßt ihn völlig aushärten. Dann legt man ihn für einige Minuten in Wasser. Das Wasser dringt durch die Lackschicht in die darunter liegende quellbare Schicht ein – zunächst nur an Störstellen, also entlang von Staubeinschlüssen, später aber auch auf der ganzen Fläche. Der quellende Eiweißfilm hebt nun den Decklack in Schuppen ab, entlang der Bruchlinien dringt wieder Wasser ein und so fort, bis die ganze Lackschicht zersplittert ist. Es entstehen eigenartige Sprungmuster, deren Schönheit auf ihrer besonderen Ordnung beruht.
Um dem Zufall eine möglichst große Chance zu geben, variiert man das Verfahren

in den Schichtdicken von Eiweiß und Lack. Man kann auch statt Eiweiß Gelatine verwenden oder auch den Lack ganz weglassen. Auch dabei entstehen Sprungmuster wie in einem ausgetrockneten Morast, da das Eiweiß weiterschrumpft, nachdem es bereits splitterhart geworden ist. Die Bruchfelder sind wieder farblos, wenn die Materialien farblos waren. Rheinberglicht, Dunkelfeld und Phasenkontrast geben auch hier wieder die interessantesten Bilder.

Rasierklingenschnitte

Ein Großteil dessen, was wir über den Feinbau der Organismen wissen, wurde an Schnittpräparaten entdeckt. Tierische Gewebe muß man vor dem Schneiden jedoch verfestigen. Sei es, daß man sie einfriert, sei es, daß man sie mit verflüssigtem Paraffin durchtränkt, das dann beim Abkühlen auf Zimmertemperatur erstarrt. Damit man die einzelnen Zellen erkennen kann, muß das tierische Gewebe sehr dünn, 1/100 mm und dünner, geschnitten werden. Dazu benötigt man ein spezielles Schneidegerät, das Mikrotom. Die erhaltenen Dünnschnitte muß man vor der Betrachtung allerdings erst noch färben. Ich will hier aber diese aufwendigen Färbetechniken nicht weiter besprechen, obwohl sie durchaus zum Hobby werden können und dem, der geduldige Präzisionsarbeit liebt, viel Freude machen können.
Pflanzenmaterial ist im Gegensatz zum tierischen Gewebe so fest, daß es meist in frischem Zustand geschnitten werden kann. Die Pflanzenzellen sind so groß, daß man sie auch in Handschnitten gut erkennen kann. Mit der Rasierklinge kann man schon sehr schöne Präparate anfertigen. Man nimmt am besten nur neue Klingen zum Schneiden. Sie sollen so scharf sein, daß man mit ihnen ein frei gehaltenes Menschenhaar durchtrennen kann. Am sichersten sind Klingen mit einseitiger Schneide; ich verwende die Marke „Apollo".
Am einfachsten legt man die zu schneidenden Pflanzenteile auf eine weiche Unterlage, z. B. eine Styroporplatte, und schneidet sie wie die Hausfrau die Wurst. Mit dieser Methode erhält man aber nur grobe, relativ dicke Schnitte. Besser faßt man das Objekt mit Daumen und Zeigefinger der linken Hand und führt die Rasierklinge *ziehend* durch das Objekt. Dabei schneidet man – was dem Anfänger unangenehm ist – stets auf sich zu, nie von sich weg. Man sorgt zuerst für eine glatte, ebene Schnittfläche, setzt dann die Klinge auf die Schnittfläche auf und zieht sie darüber, bis ihre Facette leicht einschneidet. Nun wird – immer ziehend, niemals drückend – weitergeschnitten, bis der Schnitt auf der Klinge liegt. Man streift ihn dann mit einem Aquarellpinsel in einen Tropfen Wasser auf den Objektträger.
Man kann aber auch die Probe zwischen Holundermark oder Kork einklemmen und dann alles zusammen schneiden.
Man kann das Gewebe härten, indem man es für einige Tage in Spiritus einlegt.

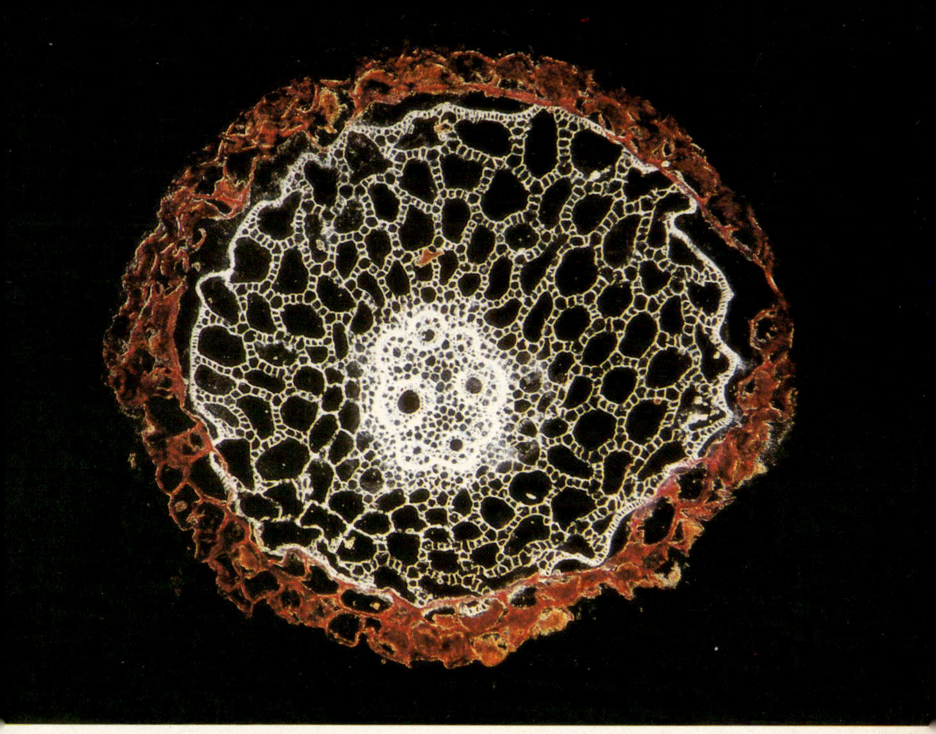

Bild 32. Rasierklingenschnitt durch einen Binsenstengel in Dunkelfeldbeleuchtung. Rund um den Stengel hat eine Wassermilbe ihre roten Eier angeklebt. Sie wurden beim Schneiden leider zerstört.

Mit etwas Übung kann jeder Schnitte von 1/10 mm Dicke schneiden und sollte es auch auf 1/20 mm bringen. Sehr erfahrene Mikroskopiker schneiden zwischen Holundermark bis herunter zu 1/50 mm Dicke. Bei dieser Schnittdicke erscheint das Holundermark selbst als Gitterwerk mit vielen freien Durchblicken.

Die Schnitte werden stets in einem Wassertropfen betrachtet. Fügt man eine Spur Waschmittel zum Wasser, so werden hartnäckig störende Blasen vertrieben.

Will man nur das Zellulosegerüst der Pflanzen herausarbeiten, so legt man die Schnitte für eine Nacht in Natriumhypochloritlösung, die in manchen Drogerien als Bleichlauge oder Eau de Javelle zu haben ist.

Man kann auch Färbeversuche machen. Zunächst mit roten und blauen Tinten, aber wer Gefallen daran findet, kann sich auch in spezielle Färbetechniken einarbeiten. Das ist jedoch ein weites Feld und eine Wissenschaft für sich.

Die Dünnschnitte werden gewöhnlich in Hellfeldbeleuchtung betrachtet. Überraschende Effekte bringt polarisiertes Licht. Einige Firmen bieten zu Dauerpräparaten verarbeitete, fertig gefärbte Schnitte der verschiedensten Objekte an. Keines gleicht dem anderen, so daß der Kauf solcher Präparate etwas Vertrauens- oder auch Glückssache ist. Die gleichen Firmen liefern manchmal auch Radiolarienschlamm und Foraminiferensand. Beides gehört zum Schönsten, was man mit dem Mikroskop betrachten kann. Solche käuflichen Präparate können viel Freude machen und sind nicht zu vergleichen mit den getrockneten Fliegen und dergleichen, die manchen Kleinmikroskopen beigegeben werden.

Mikroskopie des kranken Organismus

Die Entwicklung der Medizin ist ohne das Mikroskop gar nicht denkbar. Es hat die Welt verändert. Der Sieg über die Infektionskrankheiten, über Cholera, Tuberkulose, Schlafkrankheit, begann mit der Entdeckung ihrer Erreger im mikroskopischen Präparat. Auch heute ist das Mikroskop aus keinem ärztlichen Labor wegzudenken. Es wird eingesetzt zur Diagnose der bösartigen Tumore, der Leberschäden, einiger Haut- und Blutkrankheiten. Wir wollen auf keinen Fall dem Arzt ins Handwerk pfuschen oder Eigendiagnosen stellen, wenn wir unser Mikroskop auch auf den kranken Körper richten:

Blut tritt aus jeder Wunde und wird wohl jeden Mikroskopiker zum Betrachten reizen. Wir bringen ein Tröpfchen Blut auf den Objektträger und führen ein sauberes, schräggehaltenes Deckglas so an den Tropfen heran, daß er in dem von Objektträger und Deckglas gebildeten Winkel liegt. Berührt das Deckglas den Tropfen, so fließt er an der Kante entlang. Nun wird das Deckglas über den Objektträger geschoben, wobei es eine breite, dünne Blutspur nach sich zieht. Diesen „Ausstrich" betrachten wir im Mikroskop ohne Deckglas. Der Ausstrich wird um so dünner, je flacher wir das Deckglas beim Ausstreichen halten, um so dicker, je steiler es über den Objektträger geführt wird. Einen unverdünnten, nicht ausgestrichenen Tropfen Blut können wir mikroskopisch kaum untersuchen, weil die Blutzellen viel zu dicht liegen. Bei starken und stärksten Vergrößerungen sehen wir die Roten Blutkörperchen (Erythrozyten) als runde, eingedellte Scheibchen von etwa 0,0072 mm Durchmesser. (Die Mikroskopiker sprechen von 7,2 µm.) Der rote Blutfarbstoff (Hämoglobin) schimmert in dieser dünnen Schicht nur noch zart rosa bis gelb. Ein Kubikmillimeter Blut enthält etwa 5 Millionen Erythrozyten, eine halbe Million Blutplättchen (Thrombozyten), die bei der Blutung sofort zerfallen und etwa 10 000 Weiße Blutkörperchen (Leukozyten), die aber im ungefärbten Präparat so gut wie unauffindbar sind.

Will man das Blut verdünnen, so geht das nicht mit Wasser. Im Wasser würden die Blutzellen platzen. Man muß eine Salzlösung verwenden, z. B. eine „physiologische Kochsalzlösung" (9 Gramm Kochsalz pro Liter Wasser). In Salzlösungen höherer Konzentration schrumpfen die Erythrozyten zur „Stechapfelform" zusammen.

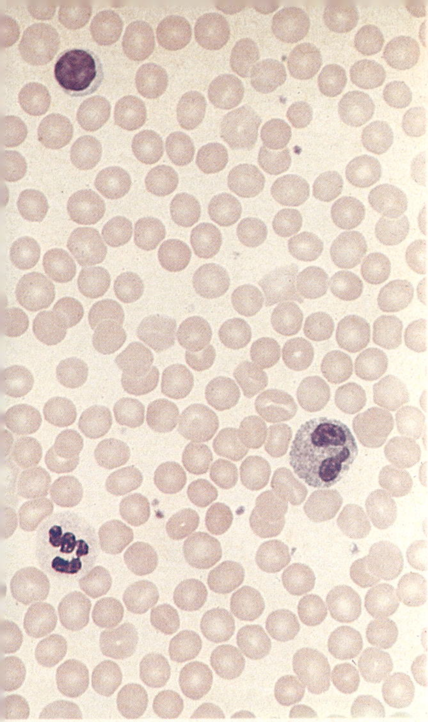

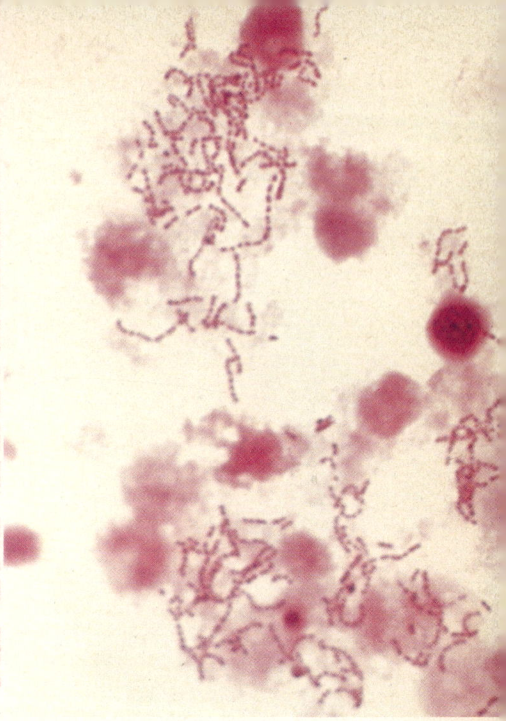

Bild 33 (oben, links). Blut vom Menschen. Gefärbter Ausstrich. Kernlose Rote Blutkörperchen, verschiedene Formen weißer Blutzellen (Aufnahme Johannes Lieder).

Bild 34 (oben, rechts). *Streptococcus pyogenes,* kettenförmig angeordnete Kokken, Eiterkörperchen. Gramfärbung (Aufnahme Johannes Lieder).

Eiter entsteht in entzündeten Wunden. Unter dem Mikroskop zeigt er Zelltrümmer, einzelne Erythrozyten und vor allem Leukozyten. Die Leukozyten sind „Freßzellen", die der Körper an die „Front" schickt, wo sie nach Art der Amöben Zellreste und Krankheitserreger in sich aufnehmen. Die Leukozyten des Eiters sind in der Regel bereits abgestorben.

Pilzerkrankungen sind in den hoch zivilisierten Ländern immer mehr im Vormarsch. Pilzinfektionen kann man mikroskopisch relativ gut nachweisen. Man schabt etwas von der pilzverdächtigen Hautstelle ab, erhitzt das Material auf dem Objektträger und unter dem Deckglas einige Zeit in 10- bis 30%iger Kalilauge bis fast zum Sieden und mikroskopiert anschließend bei schwacher Vergrößerung und geschlossener Kondensorblende, besser noch im Phasenkontrast. Die Kalilauge löst das Eiweiß der Hornhaut auf, greift aber die Zellulose der Pilzfäden nicht an. Es bedarf einiger Erfahrung, um die Pilzfäden auf diese Weise zu erkennen. Man kann sie auch mit Tinte anfärben. Wird die Erkrankung behandelt, so findet man nur noch verkümmerte, mißgestaltete Fäden. Vorsicht! Kalilauge ätzt und ist sehr gefährlich.

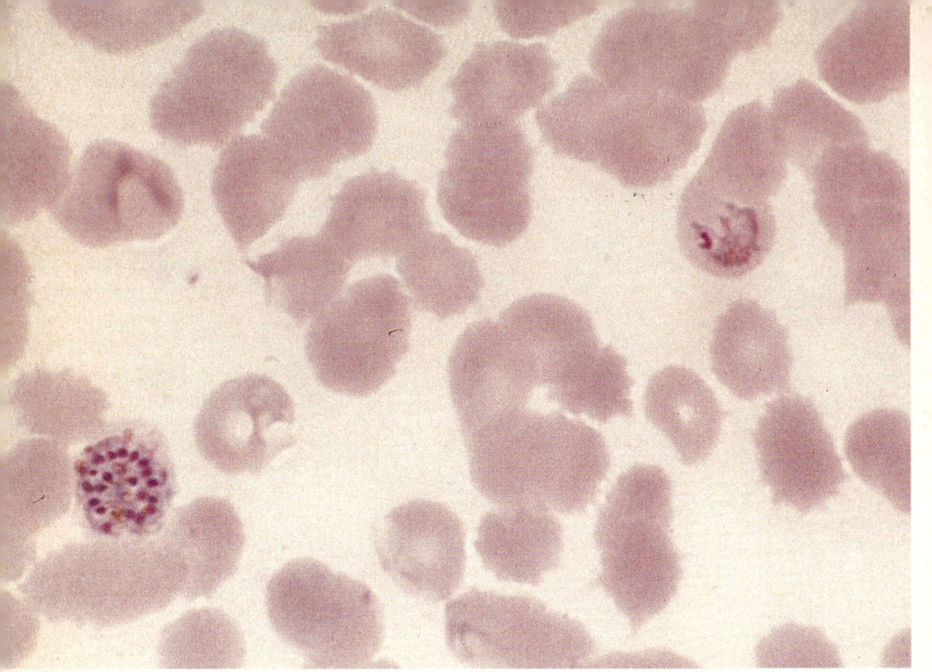

Bild 35. *Plasmodium vivax,* Erreger der Malaria tertiana. Blutausstrich mit Ringformen und Morulastadium (Aufnahme Johannes Lieder).

Das Deckglas kann beim Erhitzen abspringen und wegspritzende Tropfen der Kalilauge können Augenätzungen verursachen.

Malaria, von einem gefährlichen Blutparasiten verursacht, wird nicht selten von Fernreisenden mit nach Hause gebracht. Man findet den Parasiten während der akuten Krankheit vereinzelt in den Erythrozyten; allerdings bedarf es einer speziellen Färbung, um die Malariaparasiten sichtbar zu machen, und dann braucht man noch die Ölimmersion.

Entzündungen des äußeren Gehörganges äußern sich oftmals durch Ausfluß einer blutigen Flüssigkeit aus dem erkrankten Ohr. Unter dem Mikroskop sieht man, daß diese Flüssigkeit von zahlreichen lebhaft umherschwirrenden Bakterien bevölkert ist, die nach Beginn einer Behandlung mit Antibiotika verschwinden. Man darf aber nicht von dem Vorhandensein von Bakterien auf eine bakterielle Erkrankung schließen. Sehr oft haben sich auch Bakterien in dem aus anderen Ursachen geschwächten Organ breitgemacht.

Krätze (Skabies) ist ein Hautausschlag, der durch die Krätzmilbe verursacht wird. Man klebt einen klaren Tesafilm über die erkrankte Hautstelle und reißt ihn rasch wieder ab. Es kann sein, daß einige Milben am Tesafilm hängenbleiben, die wir dann unter dem Mikroskop identifizieren können.

Fotografieren mit dem Mikroskop

In der Mikroskopie gilt der Grundsatz: Was man sehen kann, kann man auch fotografieren. Das gelingt schon mit den einfachsten Mitteln. Spezielle Fotomikroskope – teuer wie eine Eigentumswohnung – geben auch keine besseren Bilder, diese Lichtriesen sind nur vollautomatisch und sehr bequem.
Die billigste Box aus dem Trödlerladen ist in der Bildqualität auf unserem Sondergebiet dem teuersten Fotomikroskop ebenbürtig, und auch nicht viel mühsamer im Gebrauch. Man benötigt nicht einmal eine Entfernungseinstellung, denn wenn man durch das Mikroskop ein scharfes Bild sieht, und eine Kamera, gleich welcher Brennweite, auf „unendlich" einstellt und über das Okular bringt, so entwirft sie auch ein scharfes Bild auf dem Film! Einen Sucher braucht die Mikrokamera also auch nicht!
Es ist fast unmöglich eine Kamera über dem Mikroskop anzubringen, ohne daß dabei ein Bild entsteht, das man auch in die Filmebene bringen kann. Folgende Kombinationen sind möglich:

1. Weder Okular noch Kameraobjektiv
2. Kein Okular, aber ein Telekonverter
3. Okular allein
4. Objektiv allein, kombiniert mit Zwischenringen
5. Okular plus Objektiv

Die letzte Kombination gibt unter Amateurbedingungen oft die besten Bilder. Bei ihr arbeiten beide Linsensysteme unter den Bedingungen, die für sie berechnet wurden: Das Okular entwirft ein Bild im Unendlichen, das heißt, die Strahlen, die von einem Objektpunkt ausgingen, kommen parallel aus dem Okular. So kann sie das entspannte Auge betrachten. Das Kameraobjektiv ist auf „unendlich" eingestellt und entwirft das Bild in der Filmebene.
Will man bei dieser Anordnung ein bis in die Ecken ausgeleuchtetes Bild, so muß man ein Weitwinkelokular verwenden oder ein leichtes Teleobjektiv.
Der Fachhandel bietet verschiedene Adapter an, um eine Kamera über dem Okular zu befestigen. Man kann einen Adapter aber auch selbst bauen: Man klebt ein UV-Sperrfilter auf ein Okular, am besten mit einem Zweikomponentenkleber (z. B. Uhu-Plus). Damit ist der Adapter fast fertig: Man kann nun die Kamera über ihr Filtergewinde aufschrauben und muß möglicherweise noch mit einem Pappring Streulicht fernhalten, das neben dem Okular durch das Filter kommen könnte.
Heutzutage fotografiert kein Naturfreund mehr mit einer Box – er hat eine einäugige Spiegelreflexkamera. Mit dieser kann man Schärfe und Bildausschnitt auf der Mattscheibe kontrollieren. Der Blick auf die Mattscheibe aber ist enttäuschend: Das Bild ist meist trostlos dunkel, besonders bei lichtschluckenden Verfahren wie Pha-

senkontrast und Dunkelfeldbeleuchtung. Die Mattscheibe streut das Licht, das aus dem Okular kommt, ja in die verschiedensten Richtungen, so daß nur ein winziger Bruchteil davon den Weg in unser Auge findet. Also wird man das Zimmer verdunkeln und das stärkste Einstell-Licht wählen. Das Mikroprismenraster, das in die Mattscheibe fast aller modernen Spiegelreflexkameras eingebaut ist, versagt in der Mikrofotografie vollkommen. Ein Schnittbildentfernungsmesser ebenfalls, aber er ermöglicht einen Blick auf einen winzigen Ausschnitt des Objektes in der Bildmitte, der nicht durch die Mattscheibe behindert ist. Durch dieses Fenster kann man scharfstellen, und zwar auf das sogenannte Luftbild. Ideal aber ist, bei Kameras mit auswechselbarer Mattscheibe, eine Klarglasscheibe mit Fadenkreuz. Das Auge stellt sich automatisch auf die schärfsten Kontraste im Bild ein, und das sind die Linien des Fadenkreuzes. Wenn man diese und das Bild zugleich scharf sieht, dann kann man auslösen. Wer mit dem Scharfstellen auf das Luftbild Schwierigkeiten hat, kann einen Trick anwenden: Wenn man das Auge am Sucher etwas hin und her bewegt, sieht man bei ungenügender Scharfstellung ein Wandern des Bildes gegenüber dem Fadenkreuz. Bei optimaler Scharfstellung steht das Bild unbeweglich unter seinen Linien.

Die Filmwahl ist in der Mikrofotografie unproblematisch, denn alle üblichen Filme sind in der Lage, alles aufzuzeichnen, was die Mikroskopoptik hergibt. Der Grund liegt darin, daß wir durch das vorgeschaltete Mikroskop das Kameraobjektiv zwangsläufig auf Werte abblenden, die in der normalen Fotografie unbekannt sind. Mit einem Stückchen weißem oder transparentem Papier können wir leicht die wirksame Blende feststellen: Wir richten das Mikroskop gegen eine großflächige Lichtquelle und fangen das Licht auf, das aus dem Okular kommt. Es tritt durch die ganze Fläche der Okularlinse aus und läuft dann kegelförmig zu einem kleinen Lichtfleck zusammen und von da als Lichtkegel wieder auseinander. Das Lichtscheibchen mit dem kleinsten Durchmesser heißt Austrittspupille. Es ist die wirksame Blende im Fotomikroskop. Wenn wir die Kondensorblende schließen, wird die wirksame Blende kleiner. Aus Durchmesser und Abstand von der Filmebene kann man nun leicht die Lichtstärke bestimmen und kommt auf Werte um 1 zu 100 oder noch kleiner. Kein Objektiv kann bei solchen Blendenwerten eine hohe Schärfeleistung erbringen, und die optische Qualität des Kameraobjektivs spielt bei solchen Blenden keine Rolle mehr. Ein Summicron ist am Mikroskop nicht besser als ein Brillenglas.

Die Blende der Kameraoptik ist in der Mikrofotografie immer so weit geöffnet, daß das Bild bis in die Ecken ausgeleuchtet wird.

Das Bild auf dem Film ist kleiner, als wir es durch das Okular sehen. Bei einem Objektiv von 50 mm Brennweite ist die Vergrößerung auf dem Film:

Eigenvergrößerung des Mikroskopobjektivs × Eigenvergrößerung des Okulars × 0,2.

Bild 36 (rechts, oben). Aus dem Ei der Grünen Huschspinne schlüpft die Jungspinne. Aufnahme in Rheinbergbeleuchtung.

Bild 37 (rechts, Mitte). Die Mundteile einer Zecke sind zum Bohren und Festhalten eingerichtet. Kombination aus Dunkelfeldbeleuchtung für den Stechrüssel und über eine zweite Lichtquelle schwache Hellfeldbeleuchtung für den Bildhintergrund.

Bild 38 (rechts, unten). Querschnitt durch das Rückenmark einer Katze (Beispiel für ein käufliches mikroskopisches Präparat).

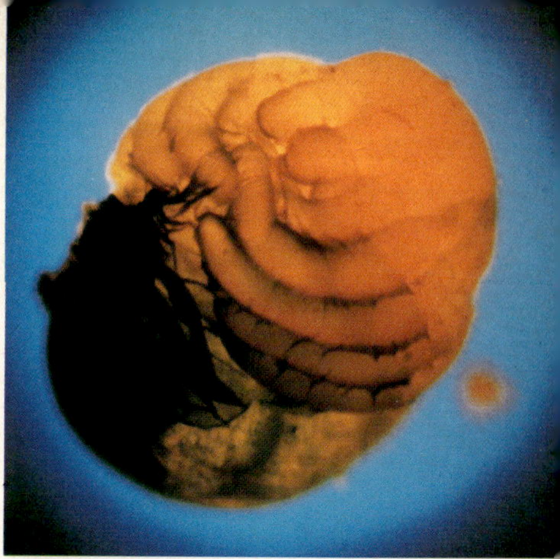

Fotografiert man mit einem Teleobjektiv oder mit einer Auszugsverlängerung durch Zwischenringe oder Balgengeräte, so bedeutet Verdoppelung der effektiven Brennweite auch doppelte Vergrößerung. Mit Zwischenringen kann man das Bild also „auseinanderziehen". Das ist immer unerwünscht, weil das Bild dabei noch unschärfer wird als es sowieso schon ist. Wenn aber das Mikroskop das Bild nicht bis in die Ecken scharf zeichnet, so kann man die unscharfen Bildecken durch Zwischenringe aus dem Kameraformat „herausziehen".

Will man einen größeren Ausschnitt aufnehmen, so wählt man dazu ein Objektiv mit schwächerer Vergrößerung. Leider setzt hier das Angebot der Industrie noch enge Grenzen.

Mit schwächeren Okularen erreicht man normalerweise keinen größeren Bildausschnitt. Eine Ausnahme macht da das Fotookular 2,5fach der Firma Olympus. Dieses Spezialokular ist 65 mm lang und „ergreift" das Licht schon auf „halber Höhe" im Tubus, wo das vom Objektiv kommende Strahlenbündel noch recht zusammengedrängt ist. Dieses Okular ist auch für visuelle Beobachtungen geeignet und ergibt in der Mikrofotografie eine in den Bildecken gegenüber Normalokularen verbesserte Bildschärfe.

Belichtung mit Dauerlicht

Bis hierher war alles einfach. Beim Auslösen fangen die Schwierigkeiten aber an, und zwar, weil das Mikroskop nicht nur Strukturen sondern auch Geschwindigkeiten vergrößert. Die kleinste, mit unbewaffnetem Auge unmerkliche Vibration wird unter dem Mikroskop zum Zitterspiel, das allzu leicht ein verwackeltes Bild ergibt.
Man kann die Verwacklungsanfälligkeit prüfen, indem man mit einem ganz locker gehaltenen Bleistift gegen das Kameragehäuse schlägt. Sieht man dann ein Zittern des Bildes auf der Mattscheibe, so wird auch das Hochklappen des Spiegels zumindest bei kurzen Belichtungszeiten zu verwackelten Aufnahmen führen. Hier gibt es zwei Abhilfen:
Zum einen kann man längere Belichtungszeiten wählen, dann machen sich die sehr rasch abklingenden Schwingungen nicht mehr durch Unschärfe bemerkbar, da im größten Teil der Belichtungszeit das Bild stillsteht. Damit ist die Verwackelungsgefahr aber noch nicht gebannt. Vor allem bei Präparaten im Wassertropfen können nun Strömungen, die so langsam sind, daß das Auge sie nicht erkennen kann, zu Unschärfen führen. Sei es, daß sie von der fortschreitenden Verdunstung stammen, von der Eigenbewegung der Organismen, oder es schlägt gar ein außerhalb des Bildfeldes eingeklemmter Wasserfloh Wellen. Erd- und Hausbeben allerverschiedenster Ursache bis zum Ehekrach nebenan sind weitere Ursachen für eine Verwakkelung. Als Kompromiß strebe ich eine Belichtungszeit um eine Sekunde an. Sämtliche Mikroaufnahmen löse ich mit einem langen, weichen Drahtauslöser aus.
Bei der zweiten Methode stellt man den Verschluß auf B (Beliebig), unterbricht mit einem frei vor den Spiegel gehaltenen schwarzen Karton den Lichtstrom und löst aus. Nach einer Abklingzeit von etwa einer Sekunde zieht man rasch den Karton weg und eröffnet damit die Belichtungszeit. Man beendet sie durch Loslassen des Drahtauslösers. Bei diesem Verfahren kann die Kamera keine Vibrationen mehr verursachen.
Die Belichtungszeit wird mit dem üblichen in Spiegelreflexkameras eingebauten TTL-Belichtungsmesser (TTL = through the lens) bestimmt. Sie wird niemals mit der Kondensorblende reguliert, sondern durch Graufilter oder gegeneinander drehbare Polfilter, die im Filterhalter liegen, vielleicht auch durch Ändern des Abstandes zwischen Mikroskop und Lichtquelle.
Bei Hellfeldaufnahmen muß man um so mehr überbelichten, je dunkler die bildwichtigen Strukturen sind und je weniger Fläche sie im Bild einnehmen. Bei Dun-

Bild 39. Ausschnitt aus einem Torfmoosblatt. Hellfeldbeleuchtung. Das Bild wurde der besseren Bildwirkung zuliebe leicht blau gefiltert.

kelfeldaufnahmen muß man um so mehr unterbelichten, je heller die bildwichtigen Strukturen sind und je weniger Bildfläche sie einnehmen. Bei dem schwachen Licht des mikroskopischen Bildes muß man dem Belichtungsmesser etwas Zeit zum Eingewöhnen geben, d. h. man wartet in Meßstellung, bis der Zeiger zur Ruhe gekommen ist. Das kann bei CdS-Meßzellen einige Sekunden dauern. Außerdem darf kein Licht auf falschen Wegen, also durch das Okular, auf die Meßelemente fallen. Ob das der Fall ist, merkt man, wenn man das schattenspendende Auge etwas vom Sucher entfernt. Wenn sich dabei der Ausschlag des Zeigers ändert, muß man das Zimmer verdunkeln.

Hat das Mikroskop eine regelbare Beleuchtung, so muß man für Farbaufnahmen immer mit voller Leistung belichten, um Farbstiche zu vermeiden. Will man Farbaufnahmen mit Kunstlicht machen, so muß man die Farbtemperatur, das ist praktisch der Blauanteil des Lichtes, an die Farbtemperatur angleichen, für die der Farbfilm abgestimmt ist. Eine kleine Tabelle soll die Filterwahl erleichtern.

Filmtyp	*Lichtquelle*	*Filter*
Tageslicht	weiße Wolken oder Sonne	kein Filter
Tageslicht	Foto- und Filmleuchte	B 12
Tageslicht	Leuchtstoffröhre	B 9
Tageslicht	Mikroskopierleuchte, Tischlampe	B 18 – B 22
Kunstlicht	weiße Wolken oder Sonne	R 12
Kunstlicht	Foto- und Filmleuchte	kein Filter
Kunstlicht	Mikroskopierleuchte, Tischlampe	B 9

Mikrofotografie mit dem Elektronenblitz

Der Elektronenblitz löst alle Verwacklungsprobleme. Dafür bringt er allerdings zwei neue Probleme auf: Wie soll man richtig belichten, und wie bringt man den Blitz in den Strahlengang, so daß sein Licht dem Einstell-Licht gleicht? Hier die einfachste Lösung: Man stellt scharf mit einer ganz konstanten Lichtquelle, also einer eingebauten Mikroskopierleuchte oder einer Tischlampe in stets gleichem Abstand vor dem Beleuchtungsspiegel. Der Elektronenblitz liegt vor der Aufnahme daneben. Um den Akku zu schonen, speist man den Elektronenblitz aus dem Netz – so kann er stundenlang in Blitzbereitschaft bleiben. Hat man nun ein Motiv im Sucher, das man aufnehmen will, so hält man den Blitz mit einer Hand dicht vor die Einstell-Leuchte, so daß seine Leuchtröhre möglichst an die Stelle der Glühbirne tritt und löst aus. Dazu muß eine Mattscheibe im Filterhalter sein. Bei Tageslichtemulsion aber kein Blaufilter verwenden. Bei dieser Anordnung wird die Lichtwirkung des Blitzes sehr ähnlich der Wirkung des Einstell-Lichtes sein. Bei sehr schnellen Objekten allerdings versagt diese Methode, denn in dem kurzen Blindmoment, in dem man den Blitz ergreift, können die Objekte schon aus dem Bildfeld entweichen. Mit dieser Technik sind die meisten Bildbeispiele dieses Buches aufgenommen.

Mit der Belichtungszeit kann man bei Blitzaufnahmen nicht mehr spielen, denn der Blitz hat eine konstante Leuchtzeit, und man muß die Kamera auf die Zeit einstellen, die der Hersteller für Blitzaufnahmen mit dem Elektronenblitz vorschreibt. Die Bildhelligkeit regelt man mit Graufiltern. Man kommt auf keinen Fall ohne Probeaufnahmen aus: Man notiert die Belichtungszeit, die der TTL-Belichtungsmesser in der Kamera anzeigt, macht dann eine Blitzaufnahme, bringt einen Graufilter in den Strahlengang, mißt erneut, notiert die Zeit und blitzt erneut. Der entwickelte Film zeigt dann, daß zu einer bestimmten Belichtungszeit die am besten belichtete Blitzaufnahme gehört. Von da an ist die Belichtungsmessung kein Problem mehr, ganz gleich, was für eine Objektiv-Okular-Kombination oder Beleuchtungstechnik man anwendet: Man regelt das Licht der Einstell-Leuchte auf den bekannten Zeigerausschlag und wird richtig belichtete Blitzaufnahmen bekommen. Nur die gezielten Überbelichtungen bei Hellfeldaufnahmen und die Unterbelichtungen bei Dunkelfeldaufnahmen sind vor jeder Aufnahme neu zu überdenken.

Statt mit Graufiltern kann man auch mit einem variablen Abstand Lampe – Beleuchtungsspiegel und entsprechend Blitzgerät – Beleuchtungsspiegel die Helligkeit regulieren. Besonders einfach ist die Mikrofotografie mit der Kleinbildkamera OM 2. Diese Kamera enthält einen optischen Schalter, der von dem auf den Film fallenden Licht betätigt wird. Mit ihm kann man wahlweise einen zugehörigen Spezialblitz abschalten oder den Kameraverschluß schließen. Es resultiert eine automatisch richtige Belichtung bei allen Vergrößerungen und allen Beleuchtungsarten. Ein Komfort, den die teuersten Fotomikroskope nicht zu bieten haben.

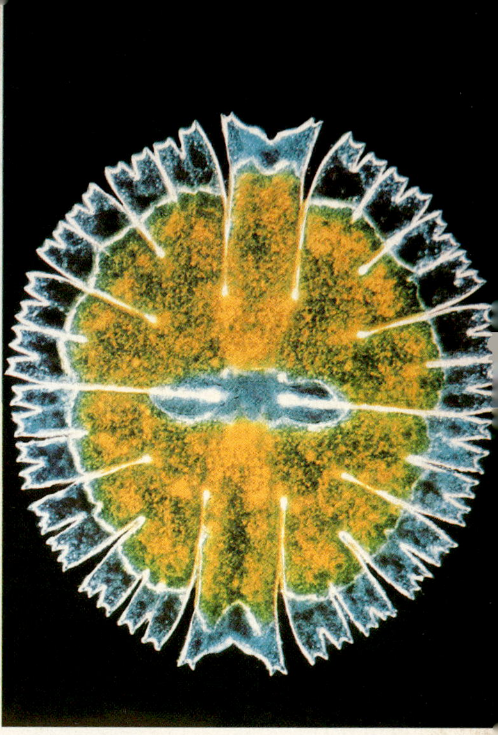

Bild 40 (oben, links). Die Larve eines Schlangensternes aus dem Mittelmeerplankton. Aufnahme nach dem kontraststeigernden Verfahren umkopiert. Dabei sind die Farben so verstärkt worden, daß in den Lichtern auch die rötliche Eigenfarbe des Filmträgers sichtbar wird.
Bild 41 (oben, rechts). Zieralge (*Micrasterias*) in Dunkelfeldbeleuchtung. Der Kern der etwa 1/3 mm langen Zelle liegt in der Mitte. Bei der Vermehrung durch Teilung bildet jede Halbzelle an der Mittellinie eine neue Halbzelle. Deshalb sind die beiden Halbzellen eines Individuums stets verschieden alt.

Das Vorgehen: Man bringt den Blitz für die Aufnahme zwischen Lichtquelle und Beleuchtungsspiegel und löst aus. Die Kamera selbst informiert dann über das Ergebnis: War das Licht nicht ausreichend, so bleibt der Verschluß nach dem Blitz geöffnet, und der optische Schalter wartet auf mehr Licht. Dann muß man für die nächste Aufnahme mit dem Blitzgerät näher an das Mikroskop herangehen. War die Belichtung richtig, dann erscheint am Blitzgerät ein rotes Flackerlicht. Bei Mikroskopen mit eingebauter Lichtquelle ist unter dem Kondensor nicht genügend Platz für den über 10 cm hohen Spezialblitz. Dann muß man einen Beleuchtungsspiegel mit einer Neigung von 45 Grad zur Blitzrichtung vor dem Reflektor des Blitzgerätes anbringen, am besten in einer aufsteckbaren Kappe. Diesen Spiegel kann man dann von der Seite unter den Kondensor führen.
Auch Zeitaufnahmen mit Dauerlicht sind mit der OM 2 unübertroffen einfach: Man hält eine lichtundurchlässige Scheibe in den Strahlengang, löst über einen Draht-

auslöser den Kameraverschluß aus und zieht nach dem Abklingen der vom Auslösen stammenden Vibrationen die Trennscheibe aus dem Strahlengang. Der Verschluß schließt automatisch, wenn die richtige Lichtmenge auf den Film gefallen ist. Gezielte Überbelichtungen bei Hellfeldaufnahmen und gezielte Unterbelichtungen bei Dunkelfeldaufnahmen sind möglich und werden an einem Drehknopf auf der Kamera eingestellt.

Alle Filmemulsionen reagieren auf Langzeitbelichtungen mit verminderter Empfindlichkeit (Schwarzschild-Effekt). Darum sollte man bei Belichtungszeiten über einer Sekunde zur Sicherheit stets auch Aufnahmen mit doppelter Belichtungszeit anfügen.

Kontraststeigerung bei flauen Farbdias

Die Objekte der Mikrofotografie sind oft sehr zart und konstrastarm, so daß die resultierenden Mikrofotos flau und blaß wirken. Es gibt nun ein Verfahren, mit dem man den Kontrast mehr als verdoppeln kann. Man benötigt dazu eine einäugige Spiegelreflexkamera und zum Objektiv einen Satz Zwischenringe für Aufnahmen im Maßstab 1:1.

Das allzu flaue Dia wird auf der Schichtseite weiß angestrichen. (Die Schichtseite erkennt man daran, daß sie matter wirkt als die Trägerseite; oft zeigt sie auch reliefartig das Bild im reflektierten Licht.) Dann wird das Dia von der Trägerseite her im auffallenden Licht abkopiert. Dabei muß das Licht die Farbschicht zweimal durchdringen: erst auf dem Hinweg, dann wird es von der weißen Rückseite reflektiert und dann wieder auf dem Rückweg. Wo kein Farbstoff liegt, wird er auch nicht geschwächt und weiß bleibt weiß. Wo aber Farbstoff liegt, wird es in doppelter Schichtdicke wirksam. Dadurch wird der Kontrast verdoppelt. Eine weitere Kontraststeigerung beruht darauf, daß Dia-Filme die Vorlage immer kon-

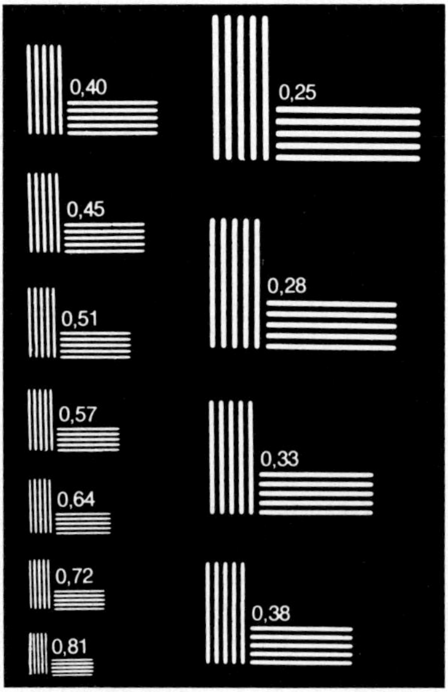

Bild 42. Fünfbalkenraster (zu Seite 62).

trastreicher wiedergeben, als unser Auge sie sieht. Ähnlich wie der Kontrast steigt dabei auch die Leuchtkraft der Farben.
Man muß sich bei diesem Verfahren hüten, Reflexe von der glänzenden Rückseite des Dias mit auf die Kopie zu bekommen. Darum verwendet man scharfes Seitenlicht und deckt das Aufnahmeobjektiv mit einem Karton gegen die Lichtquelle ab. Ich verwende eine Filmleuchte mit Halogenlampe, Tageslichtfilm, ein Blaufilter B 12 vor dem Objektiv, und ich richte mich in der Belichtung nach den Angaben des TTL-Belichtungsmessers.

Messen mit dem Mikroskop

In den Bestimmungsbüchern für Mikroorganismen wird jeweils auch deren mittlere Länge angegeben. Mit dem geringsten Aufwand kann man die Mikroorganismen auf dem Mikrofoto messen. Man muß nur ein paar Eichfotos mit Dingen bekannter Länge besitzen und sie mit den Fotos von unserem Objekt unbekannter Länge vergleichen. Da man gewöhnlich an der Okularseite bei der Mikrofotografie nichts verändert, braucht man nur für jedes Objektiv besondere Meßaufnahmen. Das ideale Vergleichspräparat für die Objektive mit mehr als 40facher Eigenvergrößerung ist unser Blut: Ein Rotes Blutkörperchen hat durchschnittlich einen Durchmesser von 0,0072 mm. Für schwächere Objektive besorgt man sich aus dem Elektrogeschäft sogenannten Wickeldraht, der in allen Dicken angeboten wird. Man zieht den Draht kurz durch eine Flamme, um den Lack abzubrennen und fertigt ein Eichpräparat von ein paar Drahtstückchen, die man dann fotografiert.
Wie alles, was in diesem Buch beschrieben wird, geht die Messung von Mikroorganismen auch aufwendiger: Man kann ein Objektmikrometer, ein Okularmikrometer und ein Meßokular erwerben. Das Okularmikrometer ist eine runde Glasplatte mit Stricheinteilung, die wir in das Meßokular legen. Das Objektmikrometer ist ein Objektträger mit einer überaus feinen Strichteilung in Abständen von 1/100 mm. Kein Auge kann diese Striche trennen.
Wir legen das Objektmikrometer auf den Objekttisch und betrachten es durch das Meßokular. Wir werden beide Teilungen scharf sehen. Jetzt können wir direkt in hundertstel Millimeter ablesen, welchem Abstand im Objekt der Abstand zwischen zwei Teilstrichen im Meßokular entspricht. Dieser Wert hängt nur von der Eigenvergrößerung des Mikroskopobjektivs ab. Er wird notiert. Damit hat das Objektmikrometer seine Schuldigkeit getan.
Man kann das Mikrometer auch fotografieren. Wenn man das Dia dann später auf ein Dia legt, das mit gleicher Vergrößerung aufgenommen wurde, so kann man die Längen im Präparat direkt ablesen.

Das Längenmaß im Mikrokosmos ist das Mikrometer (µm), nach einer heute nicht mehr offiziellen Gewohnheit auch µ genannt (sprich mü). Ein Mikrometer ist 1/1000 Millimeter.

Eine interessante Anwendung des Mikroskops als Meßinstrument ist die Bestimmung des Auflösungsvermögens fotografischer Objektive und Filme. Dazu verwendet man das abgebildete Fünfbalkenraster. Es zeigt ein Strichmuster aus je fünf Balken in 11 verschiedenen Größen. Dieses Raster stellen wir etwa 20 Meter vom Mikroskop entfernt auf. Wir entfernen den Kondensor, kippen das Gerät und richten es auf das Raster aus. Dann entfernen wir den Beleuchtungsspiegel und bringen das Objektiv anstelle des Kondensors in den Strahlengang. Da die Objektive sehr verschieden sind, kann dafür keine genaue Anleitung gegeben werden. Man braucht die Gabe und die Lust zum Improvisieren. Mit etwa 100facher Vergrößerung betrachten wir das Luftbild, das vom Objektiv entworfen wird. Wir werden finden, daß die kleinsten Raster nicht mehr als fünf getrennte Linien, sondern als einheitlich grauer Block abgebildet werden. Wir suchen das kleinste Raster, das noch „aufgelöst", d. h. als Fünfbalkenraster zu sehen ist.

Auf der Vorlage ist zu jedem Block die Zahl der Linien pro mm angegeben. Diese Zahl multiplizieren wir nun für das kleinste aufgelöste Raster mit dem Verhältnis der Entfernung Objektiv – Raster geteilt durch die Objektivbrennweite. Mit einem 50 mm-Objektiv und einer Entfernung von 20 Metern ist unser Faktor also 400. Das Ergebnis ist dann das Auflösungsvermögen unseres Objektives.

Gute Objektive lösen um 280 Linien pro mm auf, mäßige noch um 180. Was darunter liegt, ist mangelhaft.

Vielleicht hat unser Objektiv auch Astigmatismus, dann ist das Auflösungsvermögen für die beiden im rechten Winkel zueinander stehenden Blöcke verschieden.

Wir werden weiter feststellen, daß das Auflösungsvermögen von der Abblendung abhängt. Meist ist das Bild bei voller Öffnung in der Bildmitte am schärfsten, aber die Konturen sind von einem nebligen Schleier umgeben – der Kontrast ist also gering. Beim Abblenden verschwindet der Schleier, so daß das Objektiv bei Blende 4 bis 5,6 seine beste Bildwiedergabe erbringt. Beim weiteren Abblenden sinkt die Schärfeleistung rasch ab.

Wir können auch verschiedene Objektive vergleichen und werden finden, daß teuere meist schärfer zeichnen als billige. Qualität hat in der Optik ihren (hohen) Preis.

Das Mikroskop, als Fotoobjektiv benützt, hat eine Lichtstärke um 1:100, ist also extrem lichtschwach. Darum bringt es paradoxerweise nur noch ein Auflösungsvermögen von 10 bis 20 Linien pro Millimeter. Selbst der unschärfste Film zeichnet darum alles auf, was das Mikroskop hergibt. (Hier müssen wir jedoch ein mögliches Mißverständnis ausschalten: Die Auflösung, die das Mikroskop vom Objekt liefert, ist sehr hoch – im günstigsten Fall 0,2 µm.)

Das schärfste Objektiv nützt nichts, wenn der verwendete Film die feinsten Details

nicht auflösen kann. Auch das Auflösungsvermögen der Filme kann man in Linien pro mm angeben. Die Fotoindustrie selbst ist aber sehr sparsam mit Angaben über die Schärfeleistung ihrer Produkte.
Mit Hilfe eines Objektmikrometers kann man aber unschwer das Auflösungsvermögen der Filme messen. Man muß nur mit einem sehr scharf zeichnenden Objektiv bei Blende 4 bis 5,6 das Fünfbalkenraster abfotografieren. Dabei muß man bestes Licht, Stativ und Drahtauslöser einsetzen, um jede Unschärfe durch Verwackeln auszuschließen.
Nach dem Entwickeln legt man den Film mit der Schichtseite auf das Objektmikrometer und kann nun direkt ablesen, wieviele Linien pro mm der Film noch trennen kann. So offenbart er Ihnen seine Stärke – oder Schwäche.

Sehenswerte Objekte

Zum Abschluß seien noch einzelne interessante Objekte vorgestellt und Hinweise auf die besondere Untersuchungstechnik gegeben.
Torfmoosblätter. Torfmoose bauen unsere Hochmoore auf. Sie gedeihen nur in feuchter Luft. In Regenzeiten speichern sie große Mengen Wasser und geben es an trockene Luft wieder ab. So gestalten sie das für sie förderliche Mikroklima. Die Wasserspeicher sind die Moosblätter und Moosstämmchen. Zwischen den blattgrünhaltigen lebenden Zellen tragen die Blätter Kammern, die durch runde Öffnungen (am oberen Bildrand sichtbar) mit der Umwelt in Verbindung stehen. Bei Regen saugen sich diese Kammern wie ein Schwamm mit Wasser voll, bei Trockenheit entleeren sie sich wieder. Die leichte Blaufilterung der Aufnahme wurde erst am Dia vorgenommen. Dazu wurde es in verdünnter Eiweißlasurfarbe „himmelblau" gebadet. Eine eventuelle Überfärbung läßt sich durch Wässern wieder entfernen.
Sternalge. Sternalgen (*Micrasterias*) gehören zur formenreichen Gruppe der Zieralgen. Sie leben ebenfalls in Hochmooren. Man findet die schönen, großen, einzelligen Algen, wenn man feuchte Torfmoose ausquetscht, den grünen Überhauch vom Boden der Moorblänken und Moorschlenken mitnimmt oder den Belag von im Moorwasser liegenden Holzteilen abschabt. Auch diese Aufnahme ist mit Eiweißlasurfarbe gefiltert, und zwar habe ich den störenden Sternenhimmel von im Dunkelfeld aufleuchtenden Schmutzteilchen mit Eiweißlasurfarbe „schwarz" übermalt. Wenn man dann noch von dem retuschierten Dia ein Duplikat anfertigt oder anfertigen läßt, so tritt die Korrektur nicht mehr in Erscheinung.
Brennhaar der Brennessel. Von einer jungen Brennessel schneiden wir mit einer Rasierklinge einige Haare ab und untersuchen sie in Wasser unter dem Deckglas. Der

speerförmige Oberteil besteht aus einer Zelle, in deren unterer Ausbauchung der Kern an Plasmafäden aufgehängt ist. Das Haar ist hohl und mit Stoffen gefüllt, die brennende Entzündungen hervorrufen. Seine Wandungen sind verkieselt und verkalkt. Sie sind glashart und spröde. Die kugelige Haarspitze bricht bei der geringsten Berührung schräg ab und hinterläßt eine überaus scharfe „Injektionsnadel", aus der der unter Druck stehende Zellinhalt austritt.

Strudelorgane. Fast alle mikroskopisch kleinen Wassertiere besitzen Wimpern oder Geißeln, mit deren strudelnder Bewegung sie ihre Nahrung erwerben oder sich fortbewegen. Verreibt man etwas Karminpulver in Wasser, läßt das Grobe absetzen und rührt etwas vom trüben Überstand in die Probe ein, so kann man die wirbelnden und kreisenden Farbteilchen sehr gut verfolgen. Die Wimpertiere nehmen die Farbstoffkörner auch wie Nahrung in ihren Körper auf und füllen damit ihre Nahrungsvakuolen (im Plasma schwimmende Bläschen, in denen verdauende Säfte ihre Wirkung tun).

Seeigelstacheln, vom Urlaub am Meer mitgebracht, sind Strukturen mit kunstvoller Architektur, die erst im Querschnitt sichtbar wird. Dazu zersägt man die Stacheln in möglichst dünne Scheibchen, gießt sie in ein handliches Stückchen Kunstharz (z. B. Technikoll B oder Uhu-Plus-5 Minuten) ein und schleift die eine Frontseite plan. Dazu streut man etwas Schmirgelpulver auf eine Glasplatte und führt die Probe in kreisenden Bewegungen über die angefeuchtete Schmirgellage. Man beginnt mit grober Körnung und geht schrittweise zu feineren Körnungen über, wenn die Kratzer der vorigen Korngröße völlig weggeschliffen sind (Lupenkontrolle). Die Stufen können etwa sein: 120, 220, 400, 600, 1000. Dabei bedeutet die höhere Zahl jeweils ein feineres Korn. Schmirgelpulver liefert die Firma G. Göke, Bahnhofstraße 27, 5800 Hagen. Zum Schluß kann man noch mit etwas Herdputzpolitur auf einem mit Leder bespannten Brettchen polieren. Dann klebt man, wieder mit Technikoll B, die Probe mit der polierten Seite auf einen Objektträger und schleift nun ganz ähnlich die Gegenseite dünn. Schließlich, wenn der Schnitt dünn und durchsichtig genug ist, deckt man ihn unter Technikoll B mit einem Deckglas zu. Ganz ähnlich kann man auch Knochen, Zähne, Schneckenschalen, Versteinerungen und Mineralien zu Dünnschliffen verarbeiten. Oft ergeben sie im polarisierten Licht die schönsten Bilder.

Küchenzwiebel. Zahlreiche Mikroskopiker dürften am Beispiel der Küchenzwiebel zum ersten Male lebende Zellen im Verband eines Vielzellers gesehen haben. Das Bild ist auch eindrucksvoll genug. Wir schneiden eine Zwiebel auf. Sie zerfällt in einzelne, hohle „Schuppen" (umgewandelte Blätter). Von der Innenseite einer solchen Schuppe ziehen wir mit der Pinzette das Oberhäutchen ab und bringen es in einem Tropfen Wasser auf den Objektträger. Wir sehen langgestreckte Zellen mit wandständigem Zellkern, die zu einem Mosaik geordnet sind. Saugt man Glycerin unter dem Deckglas hindurch, so entreißt es der Zelle Wasser und löst dabei den

Bild 43 (rechts, oben). Brennhaar der Brennessel in Rheinbergbeleuchtung.
Bild 44 (rechts, Mitte). Glockentierchen mit eingestrudelten Karminkörnern.
Bild 45 (rechts, unten). Seeigelstacheln in der Dünnschlifftechnik präpariert, Hellfeldbeleuchtung. Die Stacheln der Seeigel sind von Art zu Art sehr verschieden aufgebaut, meist in Gitterbauweise, um mit geringstem Materialaufwand eine größtmögliche Festigkeit zu erreichen. Das Bild ist eine Hellfeldaufnahme. Da aber der helle Bildhintergrund durch Schleifmittelreste nicht ganz sauber war, und weil weiter alle Farben vor schwarzem Hintergrund am kräftigsten wirken, wurde der Bildhintergrund auf der Druckvorlage mit einem schwarzen Filzschreiber übermalt.

Protoplasten von den starren Zellulosewänden ab. Diesen Vorgang nennt man Plasmolyse. Wir können sie mit Roter Tinte (Eosin) oder Jodtinktur anfärben.

Schneckenlaich. Am Schneckenlaich kann man in modellhafter Klarheit die Befruchtung und die Embryonalentwicklung beobachten. Man sammelt im Sommer Wasserschnecken und setzt sie in ein Aquarium. Wenn man die Schnecken bei der Eiablage sieht – die natürlich auch im Schneckentempo vor sich geht – so streicht man die Eier in einer Schicht auf dem Objektträger aus und beginnt sofort mit der Beobachtung, für die man etwas Wasser auftropft und ein Deckglas auflegt. Die Befruchtung wird in vollem Gange sein: Ein Spermium ist in das Ei eingedrungen, wandert durch die Gallerthülle zur Eizelle und verschmilzt mit ihr. Im Stundenrhythmus folgt nun Teilung auf Teilung, bis nach einigen Wochen die jungen Schnecken, schon mit einem Haus versehen, die Eier sprengen. Während der Beobachtungspausen bringt man die Gelege auf ihrem Objektträger in eine feuchte Kammer und nimmt das Deckglas ab.

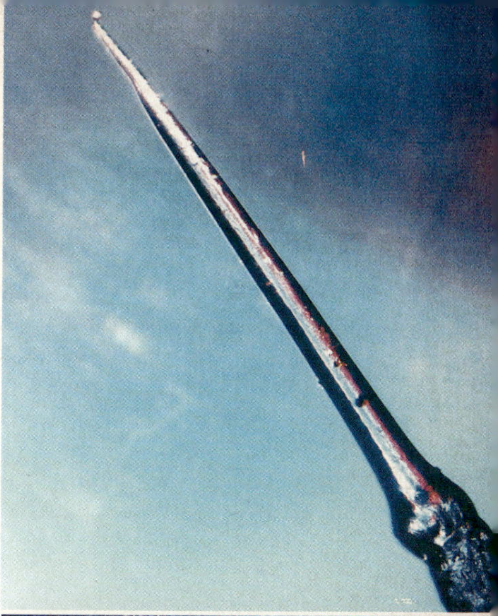

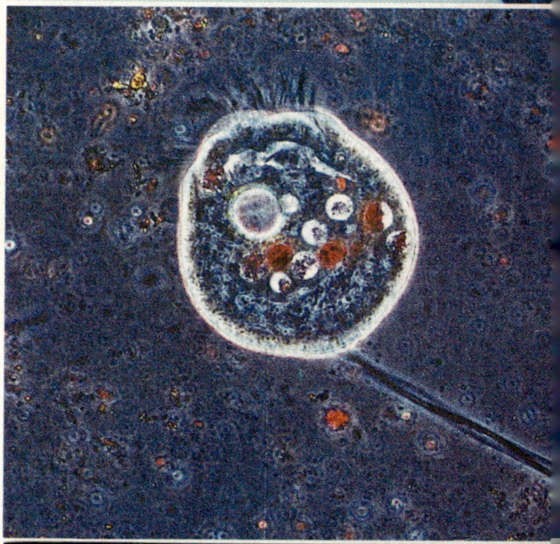

Zuckmückenlaich. Beim Schöpfen von Wasserproben findet man sehr häufig die Laichklumpen der Zuckmücken (Chironomiden). In den etwa erbsengroßen, teils auch schlauchförmigen Gallertklumpen liegen in regelmäßigen Spiralen die langgestreckten Mückeneier. Man betrachtet sie in Quetschpräparaten. Im Ei sieht man den Embryo in seiner Entwicklung. Schließlich schlüpfen die winzigen Mückenlarven und verlassen die schützende Gallerte, wahrscheinlich, indem sie sich mit verdauenden Sekreten ein Schlupfloch ätzen.

Trichozysten. Trichozysten sind eigenartige Pfeile, die von manchen Wimpertierchen, vor allem den Pantoffeltierchen, bei Bedrohung ausgeschossen werden. Sie bilden dann eine Art „Drahtverhau" um das angegriffene Tier. Wir beobachten die Trichozysten am besten in Pantoffeltierchen, die durch Eintrocknung bereits unter dem Deckglas eingeklemmt sind. Wenn wir nun einige Körnchen Kaliumdichromat oder eine andere Chemikalie auf den Deckglasrand bringen und unter das Glas eindiffundieren lassen, werden die Pantoffeltierchen ganze Breitseiten von Trichozysten ausschießen, sobald sie mit der Chemikalie in Berührung kommen.

Quergestreifte Muskulatur. Wir bringen einen kleinen Fetzen frisches Fleisch in einem Tropfen physiologischer Kochsalzlösung (9 g Salz auf 1 Liter Wasser) auf den Objektträger. Dort zerzupfen wir das Präparat mit zwei Nadeln in der Längsrichtung der Fasern so weit wir können. Unter dem Deckglas erkennen wir dann in den einzelnen Fasern eine sehr feine Querstreifung. Sie ist ein Kennzeichen rasch arbeitender Hochleistungsmuskeln. Zugabe von etwas Essig läßt die Zellkerne deutlicher hervortreten.

Fruchtfleisch der Tomate. Man schabt etwas vom lockeren Fruchtfleisch ab und schlämmt es in Wasser auf. Auch hier hängt der Zellkern an Plasmafäden. Der rote Farbstoff der Tomate erscheint in dünnster Schicht gelb. Er ist in feinsten Kristallen in den Zellinhalt eingelagert.

Gallerte. Zahlreiche Mikroorganismen scheiden Gallerthüllen ab, die aber meist nur sehr schwierig bei normaler Lichtführung zu sehen sind. Wenn man in die Probe etwas Tusche einrührt, heben sich die Gallerthüllen bei Hellfeldbeleuchtung strahlend von der dunkler gefärbten Umgebung ab, weil die Tuschepartikelchen nicht in die Gallerte eindringen können.

Pilzsporen. Pilze werden durch mikroskopisch kleine Sporen verbreitet, die der Wind davonträgt. Wenn wir in einer verschlossenen Schale einen reifen Pilz über einen Objektträger legen, so werden im Laufe des Tages Sporen auf den Träger rieseln. Mikroskopiert wird unter einem Deckglas mit starker Vergrößerung, aber ohne Wasserzugabe. Die Farbe und Gestalt der Sporen ist für die Erkennung schwierig zu bestimmender Pilze sehr wichtig. Die Sporen können lachsrot, rostfarben, weiß und purpurfarben sein, selten auch grün oder blau. Interessant ist auch die Schimmelkultur auf einer Brotscheibe: Die Pilze kämpfen miteinander mit chemischen Waffen (z. B. Penicillin) und verdrängen sich gegenseitig.

Rechts von oben nach unten:
Bild 46. Oberhaut der Küchenzwiebel in Rheinbergbeleuchtung.
Bild 47. Die Embryonalentwicklung im Schneckenei. Eben findet die Befruchtung statt. Die kleine männliche Samenzelle hat sich an die große Eizelle angeheftet, eine Öffnung in ihre Zellwand geätzt und ihren Inhalt in die Eizelle entleert.
Bild 48. Die Befruchtung ist vorüber, und die beiden ersten Zellteilungen haben stattgefunden.
Bild 49. Blütenstaub in Rheinbergbeleuchtung.

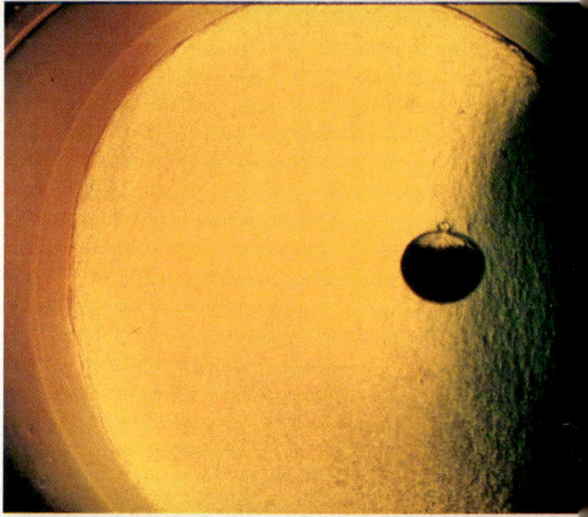

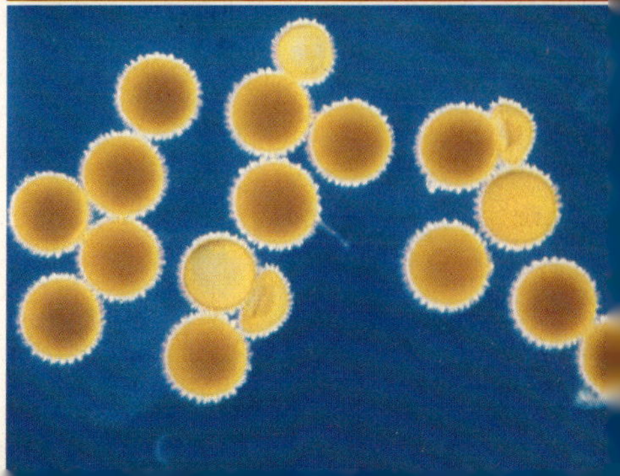

Vogelfedern. Die einzelnen Strahlen der Feder sind einerseits mit geraden, auf der anderen Seite mit bogigen Haaren besetzt. Diese Haare greifen ähnlich wie die Hälften eines Reißverschlusses ineinander und ergeben die glatte Federfläche. Die tiefer liegenden Flaumfedern tragen keine Häkchen und geben daher eine duftige Füllung. Am hübschesten sehen die Schillerfedern der Enten, Pfauen und anderer Vögel aus.

Tiere im Boden. Die obersten Bodenschichten beherbergen eine arten- und vor allem individuenreiche Fauna von mikroskopisch kleinen Tieren wie Springschwänze, Amöben, Rädertiere, Wimpertiere, Würmer und vieles mehr. Am reichsten ist die lockere Waldstreu besiedelt. Viele Kleintiere kann man unter der Handlupe entdecken und mit einem Pinsel auf den Objektträger bringen. Ergiebiger ist der „Berlese-Apparat“: Man füllt ein Teesieb mit Walderde, setzt es in einen Trichter und stellt ihn unter die Tischlampe. Die Bodenorganismen werden vor der Wärme, dem Licht und der Austrockung in die Tiefe fliehen und fallen durch den Trichter in ein mit Wasser gefülltes Auffanggefäß. Wasser ist für diese winzigen Tiere lebensnotwendig, und sie ertrinken nicht.

Frosch- und Molcheier. An den Eiern der Lurche ist die Embryonalentwicklung der Wirbeltiere zuerst erforscht worden. Sie sind auch heute noch für jeden Naturfreund Gegenstände erlebnisreicher Beobachtungen. Molche legen ihre Eier im Aquarium einzeln an Wasserpflanzen, Frösche und Kröten in Gallertklumpen und Schnüren in Tümpel und Weiher. Man sollte möglichst frisch abgelegten Laich unter das Mikroskop bringen, um auch die ersten Zellteilungen zu erleben. Nach und zwischen den Beobachtungen bringt man die Eier in ein Wassergefäß, in dem sie ihre Entwicklung beenden.

Kartoffelstärke. Wir schaben etwas von der Schnittfläche einer Kartoffel auf den Objektträger, verrühren mit einem Wassertropfen und betrachten bei mäßiger Vergrößerung. Wir sehen die rundlichen Stärkekörner. Zwischen gekreuzten Polfiltern leuchten sie hell auf, sie sind also optisch aktiv. Unter Zusatz von Jodtinktur werden sie schwarz. Jodtinktur ist übrigens ein einfaches Fixiermittel für Planktonproben. Wenn wir – beispielsweise von einer Flugreise – Proben mitnehmen wollen, so geben wir soviel Jodtinktur in die Probe, bis sie etwa bierfarben angetönt ist. In dieser Form lassen sich die Proben wochenlang aufbewahren.

Plasmaströmungen. Wir bringen ein noch junges Blatt vom Sproß einer Wasserpestpflanze unter ein Deckglas und betrachten es bei schwacher Vergrößerung. Wir erkennen den Aufbau aus quaderförmigen Zellen. Sie enthalten auffällige grüne Blattgrünkörperchen (Chloroplasten), die langsam in der Zelle rundum kreisen. Es ist die Strömung des Plasmas, die die Chloroplasten mitreißt.

Staubfadenhaare der Tradescantia. Die *Tradescantia* ist eine exotische Zimmerpflanze. Wir kaufen ein Exemplar mit frischen Knospen. Wir öffnen eine Knospe und reißen ein Büschel der Staubgefäße aus. Dabei erwischen wir auch eine Anzahl Haare, die sich unter dem Mikroskop in Wasser schwimmend als Perlenkette aus durchsichtigen Zellen erweisen. In den Zellen ist das körnige Zellplasma entlang der Zellwände ausgebreitet. Von hier aus ziehen Plasmafäden in das Zellumen und halten in der Mitte den Zellkern. Auch hier strömt das Plasma langsam an den Zellwänden entlang und durch die Fäden, die den Kern halten.

Süßwasserpolypen. Süßwasserpolypen findet man im Sommerhalbjahr, besonders im Frühherbst, in vielen Wasserproben. Sie sitzen besonders gern an aus der Tiefe aufsteigenden Spitzen der Wasserpflanzen und auf der Unterseite der Seerosenblätter. Man beobachtet sie bei verschiedenster Vergrößerung. Auf ihrem Körper fährt wie ein Luftkissenboot ein eigenartiger Einzeller umher, der selten fehlt. Es ist die „Polypenlaus". Niemand weiß, was sie dort treibt.

Bei stärkster Vergrößerung erkennt man im Quetschpräparat der Fangarme die eigenartigen Nesselkapseln, die bei Berührung oder auch bei Reizung mit Chemikalien wie Essigsäure kleine Pfeilspitzen ausschleudern. Mit diesen raffinierten Waffen tötet der Polyp seine Beute. Besser zur Untersuchung geeignet sind die größeren Nesselkapseln der im Meer lebenden Medusen und Actinien.

Die Grüne Hydra ist leuchtend grün gefärbt, weil sie in ihren Körperzellen lebende Algen züchtet und bei Bedarf verdaut. Solche „symbiontischen“ Algen findet man in vielen Lebewesen des Mikrokosmos.
Milch zeigt in dünnster Schicht und bei starker Vergrößerung kleine Fettkügelchen, die in ständiger zitternder Bewegung sind, die schon erwähnte Brownsche Molekularbewegung, die unter dem Bombardement der Wassermoleküle entsteht.
Diese kurze Aufzählung soll beileibe keinen Überblick geben über das, was man im Mikroskop alles beobachten kann. Die Zahl der Motive ist sehr viel größer, und wer nur die Lust am Schauen nicht verliert, wird immer wieder neue Entdeckungen auf dem Objekttisch machen können. Nur eines sollten wir nicht tun: Zu unserem Vergnügen töten. Ich erinnere mich noch daran, wie wir als junge Studenten einen Frosch enthaupten mußten – mit der Schere. Je älter ich werde, desto mehr schäme ich mich für das Blutbad, das wir damals unter den Fröschen anrichten mußten. Solche Versuche sind nötig für die Wissenschaft und müssen auch gelehrt und gelernt werden. Der Naturfreund braucht sie nicht.

Anregungen zum Weitermachen

Das meiner Ansicht nach wichtigste Buch für den Hobbymikroskopiker ist ein Bestimmungsbuch für die Mikroorganismen, und zwar „Das Leben im Wassertropfen“ von Streble und Krauter (Kosmos-Verlag). Darin sind rund 1700 Mikroorganismen abgebildet. Man muß schon Zehntausende von Wasserproben durchmustern, um nur die Hälfte davon aufzufinden.
Eine Einführung in die Präparationsmethoden der Mikroskopie (Schneiden, Färben, Herstellung von Dauerpräparaten usw.) gibt das Buch Stehli, Mikroskopie für Jedermann (Kosmos-Verlag, Stuttgart)
Eine liebenswerte Anleitung zum Mikroskopieren ist „Freizeit mit dem Mikroskop“ von Deckart. Das Taschenbuch gibt es gleich aus zwei Verlagen, und zwar aus dem Falken-Verlag und als Humboldt-Taschenbuch.
Im Kosmos-Verlag erscheint die Monatszeitschrift „Mikrokosmos“. Darin schreiben vor allem fortgeschrittene Mikroskopiker, die sich schon auf ein besonderes Fachgebiet spezialisiert haben. Der „Mikrokosmos“ ist die einzige deutschsprachige Zeitschrift für Amateurmikroskopiker.
In einigen Großstädten gibt es traditionsreiche mikroskopische Vereine, so in Hamburg, München, Wien und Zürich. Anschriften dieser Gesellschaften können bei der Redaktion des Mikrokosmos, 7000 Stuttgart 1, Pfizerstr. 5 – 7, erfragt werden.

Sachregister

Weitere Bücher für Mikroskopiker aus dem Kosmos-Verlag:

Das erste Bestimmungsbuch, das alle Gruppen der mikroskopisch kleinen, im Wasser lebenden Pflanzen und Tiere umfaßt, ist Das Leben im Wassertropfen von Heinz Streble und Dieter Krauter. Mit Hilfe der darin enthaltenen zahlreichen Abbildungen kann der Mikroskopiker die Gattungen und Arten bestimmen. Eine systematische Übersicht und ein Typenschlüssel ermöglichen es ihm, die vielfältigen Formen richtig einzuordnen.

Aus der Schulpraxis heraus ist das Arbeitsbuch Das Mikroskop in der Schule von Hartmut Dietle entstanden. Es befaßt sich konsequent mit der Schulmikroskopie und schließt somit eine echte Lücke - ein Buch, mit dem man im Unterricht arbeiten kann: Der Lehrer findet Experimente für einen modernen Biologieunterricht. Es handelt sich um erprobte Versuche, die nur einen relativ geringen Aufwand an Zeit und Material erfordern. Die Versuchsergebnisse liegen in der Regel innerhalb einer Unterrichtsstunde vor. Auf eine Auswertung der Ergebnisse wird großen Wert gelegt. Der Schüler lernt z. B. durch eigene Erfahrungen den Zusammenhang zwischen Auflösung und Vergrößerung kennen. Es wird ihm gezeigt, wie man mikroskopische Messungen durchführt.

Der Taschenatlas der Histologie von Kurt Fiedler und Johannes Lieder behandelt Zellen, die Gewebe, die mikroskopische Anatomie der wichtigsten Organe. Die Betrachtung der 120 Farbfotos hilft dem Mediziner oder Biologen sich Bau und Feinstrukturen einzuprägen.

Ebenfalls 120 Farbfotos enthält der Taschenatlas zur Pflanzenanatomie von Dieter Gerlach und Johannes Lieder. Er behandelt den mikroskopischen Bau der Blütenpflanzen.

Mit Hilfe des Kosmos-Familienbuchs der Natur, das über 1100 - zum größten Teil farbige - Zeichnungen enthält, lernt der Naturfreund beobachten, Sammlungen anlegen, Insekten züchten, mit Pflanzen experimentieren, Mikroskopieren, Naturfotografie und vieles andere.

Alle Bücher erhalten Sie in Ihrer Buch- oder Fachhandlung.

Bitte, fordern Sie die ausführliche Informationsschrift «Mikroskopie - Kleinlebewelt» (970 280) an.

Kosmos-Verlag, Postfach 640, 7000 Stuttgart 1